空中水概论

马　力等　编著

气象出版社
China Meteorological Press

内 容 简 介

地球表层的水分是以固态的冰雪、液态的海水与河水、空中的水汽以及云雨这些形态存在的。这些水分进行着相变、运动与循环，这使地球生机勃勃。空中水泛指空气中看不见的水汽、多彩的云和降落中的雨滴、雪花。空中水存量不多但周转很快，是全球水分循环中的一环，也是淡水资源来源。空中水与海水、地表水、地下水、生物水共同构成了地球的水科学。

本书搭建了空中水科学的知识结构，对空中水的存在数量、运动与变化的机理、降水的分布、水分循环与水分平衡，涉及的大气能量以及它对地球生态、人类活动的影响等都做了初步的分析。本书可供从事大气科学、水文水资源等相关领域的科研和管理人员参考阅读。

图书在版编目（CIP）数据

空中水概论 / 马力等编著. -- 北京 : 气象出版社,
2024. 11. -- ISBN 978-7-5029-8319-2

Ⅰ. P426

中国国家版本馆 CIP 数据核字第 202484SY27 号

空中水概论

Kongzhong Shui Gailun

出版发行： 气象出版社

地　　址： 北京市海淀区中关村南大街 46 号　　**邮政编码：** 100081

电　　话： 010－68407112（总编室）　010－68408042（发行部）

网　　址： http：//www. qxcbs. com　　E-mail：qxcbs@ cma. gov. cn

责任编辑： 蔺学东　王　聪　　**终　　审：** 张　斌

责任校对： 张硕杰　　**责任技编：** 赵相宁

封面设计： 艺点设计

印　　刷： 北京建宏印刷有限公司

开　　本： 787mm×1092mm 1/16　　**印　　张：** 10

字　　数： 256 千字

版　　次： 2024 年 11 月第 1 版　　**印　　次：** 2024 年 11 月第 1 次印刷

定　　价： 60.00 元

前 言

我们生活在地球上，它有每天的日出日落、每年的四季变化，也有五彩缤纷的云和从天上落下来的雨雪，雨雪滋润了万物的生长。大自然进行着的这些伟大过程使得地球生机勃勃。

人类与生物的存在也是地球生机勃勃的一种表现。可这种现象的存在是离不开淡水资源的，大气中形成的降水则是地球淡水的重要来源。

降水就是淡水资源。咸的海水、污染的陆地水分在太阳能作用下的蒸发过程把净化的水分送到了空中。而这些空中水又变成雨雪再返回大地与海洋。这种水分从下垫面到空中，再从空中返回下垫面的水分循环是地球生机勃勃的重要体现。

地球上的空气主要由氮气与氧气组成。水汽在空气中占有质量的比例不足3‰，但是空中水的循环（蒸发—降落）却对地球环境的影响很大。把占有比例不大的空中水单独列为研究对象非常必要。

气象学中关于空中水的知识很丰富，但是这些知识比较分散，没有构成一个完整又相对独立的知识系统。四川省气象局原副局长马力研究员看到了把空中水知识组织到一起的必要性，热心地组织力量编写了这本《空中水概论》。这就是在推进空中水学科的建立，她的这种努力具有学科创新意义。

在这种认识下，马力研究员组织科技人员就空中水的存在、运动、变化，降水的重要特征、水分循环、水汽变化涉及的能量、降水的生态意义、降水就是淡水资源等做了初步讨论与归纳。

本书各章的执笔人如下：第 1 章 马力、张学文；第 2 章 王维佳；第 3 章 肖天贵、付菁；第 4 章 肖天贵、付菁；第 5 章 张祯宇；第 6 章 张学文；第 7 章 陈勇航；第 8 章 袁晴雪；第 9 章 郭洁；第 10 章 王维佳。

所有执笔作者在此深切感谢马力研究员为本书的编写出版而做出的多方面努力。

万事开头难，《空中水概论》固然讨论了空中水一些重要方面，但是很难说这就是关于空中水的完备的知识框架，而且我们对有关问题的论述也存在不足之处。空中水科学有待大家共同努力搭建。

张学文

2023 年 10 月

目录

第1章　绪　论

> 本章介绍了空中水的概念、空中水的主要特征、涉及空中水相关的基础知识及气象知识、空中水对人类活动的影响。

1.1　地球上的水体

地球这颗行星生活着上百万种的生物。地球如此繁荣的原因，除了太阳为它提供了合适的热量之外，就是水分。平均深度大约 4 km 的海洋不仅覆盖了地球 71% 的表面积，水分还通过大气降水的形式不时地深入陆地，形成了广袤的冰雪、湍流的江河以及湖泊、湿地……而草场、森林、农田的存在说明陆地的土壤中也存在水分。我们打井可以提取地下水，而气体状态的水汽则弥漫于整个对流层大气中。这些事实说明地球从地下、地表到空中都含有水分。而生物体内也存在大量的水分。地下水、地表水、空中水和生物水是地球水分的四种存在形式（图 1.1）。

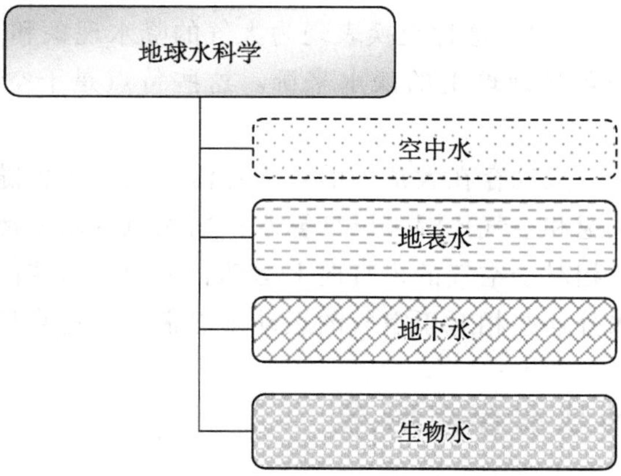

图 1.1　地下水、地表水、空中水以及生物水组成了地球水

物理学和化学对两个氢原子一个氧原子组成的水分子的物理、化学性质做了很多研究。在地球上，由于水分的大量存在、水分形态的多样性、变化的显著性以及它对大气、下垫面、生物圈的积极影响，让我们需要把地球上的水体单独作为一种研究对象。

探索地球上水分的存在、运动、变化与作用的科学是地球水科学（广义的水文学）。探索空中水的存在、运动、变化与作用的科学就是空中水文学。空中水文学、地表水文学、水文地质学和生物水共同组成了地球的水科学。

空中水存在于大气中，而大气的知识属于气象学，所以空中水的知识也是气象学知识的一部分。把空中水知识单独汇总为空中水科学、空中水文学或者水文气象学，是突出它的重要性、系统性、完整性以及特殊性。空中水是地球水科学研究的重要组成部分。

1.2 空中水量与主要特征

空气总厚度所对应的空气质量大致与76 cm厚的水银柱的质量相当，也与10 m厚的水柱的质量相当。据测算，空气中含有的水汽如果转化为液体水，它的厚度仅有2.5 cm。与空气质量所对应10 m厚的水层比，水汽仅对应2.5 cm厚的水层，说明空中水仅占大气总质量的2.5‰。这个比值确实很小。空中还有云以及正在降落的雨滴、雪花，这些以颗粒状态存在的空中水的总质量比弥漫在大气中的水汽质量更少。我们计算空中水总量时通常把它们忽略不计。

空中水尽管仅占大气总质量的千分之几，可它的活跃程度和发挥的作用却是巨大的。空中的水汽、云以伴随空气而运动为主要运动方式，还存在其他活动形态。

在地球表层的温度范围内以氮和氧为主体的空气总是以气体的状态存在，可水分却可以具有气体、液体和固体三种状态。物理学中的冰是连续而坚硬的固体，可云里的冰晶、降落的雪花却是离散的颗粒个体集合，每个颗粒的外形又千姿百态。物理学中的水仅是连续、流动的液体，而空中液态水却是云滴或者雨滴的集合。空中水的存在形态远比空气的形态丰富，而且也比物理学的固体、液体、气体三态丰富。

空气固然可以进入土壤与海洋中，可它与土壤、海洋交换的空气的质量很小，一般的气象学研究都忽略了它，可空中水与地面水的交换（称为水分循环）却很快。每年空中水要与下垫面的水分交换大约40次。这种交换表现为大气的降水现象和下垫面水分的蒸发现象。这种空中与地面的水分循环是地球上的淡水来源。这些特点是干空气所没有而空中水所特有的。

空中水混合在大气中，大气存在大范围的水平环流，空中水也随着大气做大范围的水平运动。利用空气运动的风速和空气比湿可以计算水汽的大范围水平运动输送量。但是水分从下垫面的蒸发过程是水分相对于空气的铅直向上运动，雨滴、雪花的降落过程是水分相对于大气的铅直向下运动。水分这些相对于空气的运动不能根据风速直接计算。

1.3 空中水的三种基本存在形态

在大气中的水分依照它的存在形态可以分为水汽、云和降水物三种。这里的降水物是指还没有落到下垫面，依然在空中的雨滴、雪花、冰雹等。它们的特征量见表1.1。

表1.1 空中水的特征量

	水汽	云	降水物
全球大气中水的质量/t	1.3×10^{13}	9.03×10^{10}	1.3×10^{10}（正在降落的雨滴、雪花等的总质量）
该水层厚度（全球平均）/mm	25 mm	0.177 mm	0.025 mm

续表

	水汽	云	降水物
占地球的相对面积/%	100%	70%	10% *
其基本水颗粒的典型大小	0.1 nm	10 μm	1 mm（雨），4 mm（雪）
1 L 空气内数量/(个/dm^3)	10^{19}	10^6	1，即 10^0
平均存在（滞留、循环）时间	9 d	1.8 h	13 min

注：＊源自张家诚等（1985）的《中国气候》中第 206 页关于雨时数据的推算。

1.4　空中水平衡中的蒸发与降水

根据观测与计算，地球上的年降水量大约是 1000 mm 的数量级。而大气的总含水量相当于 25 mm 的水层，所以空中水在一年中需要补充 40 次才可以在维持年降水量的同时保持自身的含水量不减少。365 d 水分循环 40 次，即大约 9 d 空中水水分就要循环一次（图 1.2）。

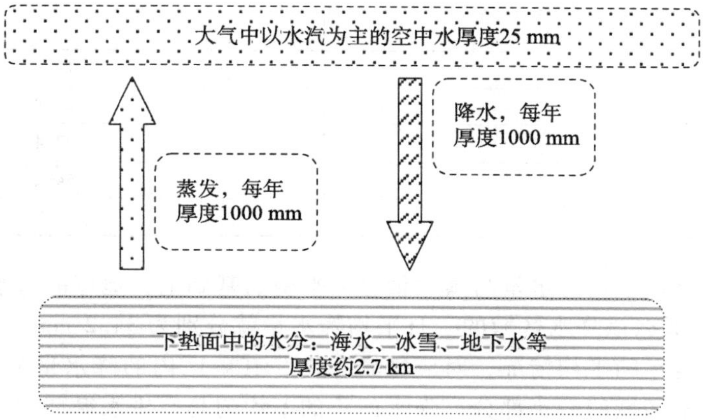

图 1.2　从空中到下垫面的水分循环，每年大约是 40 次

显然，仅有降水没有蒸发，空中水 9 d 就用完了。如果仅有蒸发没有降水，9 d 后空中水的质量就翻一番。这些情况都不符合观测的事实，所以空中水是依靠蒸发过程和降水过程实现总量的动态平衡。

空气中的相对湿度很难达到完全饱和的程度，所以下垫面（海洋、陆地）的液态、固态的水分几乎时时刻刻都向大气补充水汽。这个过程就是蒸发。

蒸发是不容易准确测量的量。根据空中水总量必须平衡的原则，全球每年的蒸发量必须等于降水量，所以全球每年蒸发的水层厚度也是 1000 mm 的水平。

蒸发是水分缓慢地升空，而降水则是空中水“匆忙又凌乱”地落地。蒸发缓慢地在地球各地进行，降水则集中出现在少数地区。平均而论，任何时刻地球上正在发生降水的区域的面积仅占地球总面积的 8%～16%。

蒸发量是每年 1000 mm。它相当于每天蒸发 1000/365≈2.74 mm 厚的水层。2.74 mm/d 表示了每天地球的平均蒸发量，而它也自然表示空中水每天析出的降水量。以 E 表示 2.74 mm/d，则 E 也就是地球所有面积上的空中水的平均水分循环强度。以平均水分循环强度 E 乘以地

球面积 S 就是每天地球下垫面总蒸发的水分数量。

我们不仅知道每个地方并不是每时每刻都下雨，也从天气图上知道发生降水的区域仅是地球总面积的一部分。任何时刻的降水总是发生在地球上的一部分区域 S_r，而它的总量（以单位时间的立方米或者吨表示）需要与蒸发的总量（即 $E \times S$）在数量相等（平衡），所以

$$ES = I_r S_r \tag{1.1}$$

式中，I_r 是地球上的降水区内一日的平均降水量，或者说是雨区内的降水强度。已经知道 $E = 2.74$ mm/d，而前面已经给出 S_r/S 的比值是 8%～16%，把它们以及其他的相对笼罩面积值代入式（1.1），就得出表 1.2 中的雨区内的平均降水强度关系。

表 1.2　地球上的雨区相对面积与其平均降水强度的关系表

雨区占地球总面积的百分比/%	雨区面积对应的日降水量/mm
26	10.5
24	11.4
22	12.5
20	13.7
18	15.2
16	17.1
14	19.6
12	22.8
10	27.4
8	34.2
6	45.7

表 1.2 说明在全球平均降水量与蒸发量总体平衡的基础上，地球的降水区域如果占地球面积的 8%、16%，那么该降水区域的一日平均降水量就分别为 34.2 mm、17.1 mm。

以上仅是全球全年的平均情况，对应每场降水，其雨区内的降水量分布是很不均匀的。而暴雨区又仅占降水区域的一小部分。降水面积的不均匀是空中水循环的重要特征。

1.5　空中水是淡水的来源

陆地上的所有生物都需要水分，而且主要是淡水。水资源就是指可利用又可以自然再生（循环）的淡水。“默默无闻”的蒸发过程把海洋的咸水和地面不清洁的水提炼为干净的水汽送入空中。空中水经过水分循环再变成雨、雪（淡水）而回到地面。水分循环是生产淡水的“机器”。空中水是自然淡水的唯一来源；降水本身就是水资源。

我国的年降水量大约是 642.8 mm，把它乘以国土面积 960 万 km^2，就得到我国每年有超过 6 万亿 m^3 的淡水落地。这些降水折合每人每年有 4600 m^3 淡水。它是维持我国草场、森林、农田、城市、村镇、河流、冰川等的根本水源。河水资源以及可恢复的地下水资源是降水资源衍生的二级、三级水资源。

1.6　空中水联系的基础知识

以 H_2O 为基本分子组成的空中水自然符合物理学以及化学所揭示的水的所有物理化学性

质。气体状态的水汽符合理想气体的状态方程。液体、固体状态的水的密度大约是 1 kg/dm^3。在它进行状态变化时，密切联系着蒸发热和溶解热等基础知识。

液体或者固体水变成水汽的过程也就是水分子的自由表面增大的过程。而水的表面积的增大就需要消耗能量。这对应于表面自由能。水的蒸发热、升华热主要用于增大水的表面积。小水滴变成大水滴是表面自由能的减少。

另外，我们还知道 1 g 分子的理想气体在标准状态（1 个大气压力）下需要占有 22.4 L 的空间。对于水的蒸发过程，就意味着每 18 g 的液体水（18 mL）变成 22.4 L 的水汽时，它的体积在一个大气压力下膨胀了不止 1000 倍。为此就需要付出体积增加而做的“膨胀功”。此体积变大的能耗也是水分蒸发热的一部分。

空气是氮、氧、水汽等的混合气体，它符合物理学关于混合气体的一些规律。例如，气体的压力或者温度的不均匀可以导致物质（如水汽）的分布不均匀（热扩散等）和水分穿越空气的运动。

1.7　空中水联系的气象知识

气象学是以空气为主体的知识系统。鉴于空中水的重要性、特殊性，气象学给予空中水特别的关注。但是气象学里面关于空中水的知识分散在气象学的各个分支中。空中水科学（空中水文学）在地球水科学的总体视野下，要把气象学中分散的空中水知识系统化，并且从整体上考查它们的逻辑关系、自洽性（不是互相矛盾）与完备性（在主要方面不遗漏）。图 1.3 就描述了这一体系。

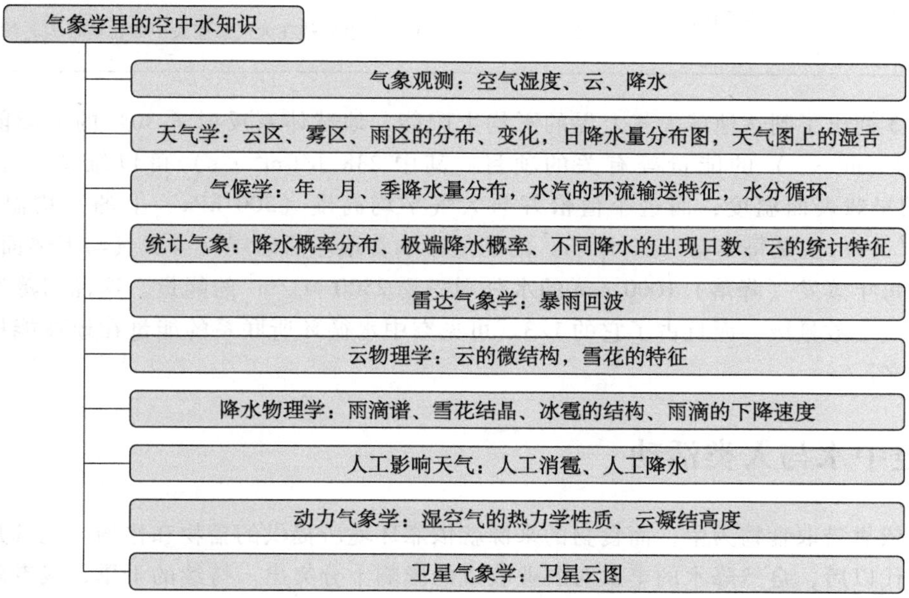

图 1.3　气象学里的空中水知识

1.8 空中水联系的能量

太阳能是大气的能量来源。它制约着大气的温度、空气运动的时空分布，也涉及水分循环的规模。鉴于空中水在质量上仅是大气质量的千分之几，水汽的温度与空气温度相同，水汽比热与空气比热差别也不大，所以水汽本身对大气总的热量“吞吐”的影响是很小的。

但是，水分的相态变化（水变成水汽或者水汽变成水）就联系着蒸发热和凝结热。而蒸发热、凝结热是很大的。所以水汽状态的变化所伴随的热量“吞吐”就必须重视。表1.3给出了太阳能与水分循环所涉及的能量的有关数据。

表1.3 地球表面获得的太阳能以及它对应的温度、它与蒸发耗热的比值

事项	数据	说明
太阳直射到单位面积上的能量	1367 J/(m^2·s)	太阳常数
大气上界平均获得的能量	342 J/(m^2·s)	太阳常数的1/4
地球反射掉30%的太阳能以后留下的能量	238 J/(m^2·s)	影响地球表层状态的太阳能的数量
238 J/(m^2·s) 对应的年辐射能	7510708800 J/(m^2·a)	计量单位的换算，即7500 MJ/(m^2·a)
238 J/(m^2·s) 对应的黑体温度	−18 ℃	如果地球表层是黑体，则温度为 −18 ℃的黑体辐射恰好与太阳能的238 J/(m^2·s) 平衡
地球大气的平均温度	−18 ℃	5 km高度全球大气的平均温度
1 m^{2}面积的年降水量（1000 mm）	1 t	年降水量是1000 mm
1 m^{2}面积每年蒸发1 t水分需要的热量	2500 MJ/(m^2·a)	此蒸发热与太阳能的数量级相同
蒸发热与地球获得的太阳能的比值 = 2.5/7.5	2.5/7.5 = 1/3 ≈ 0.33	蒸发热在大气总能量中的比例很大，约为33%

表1.3列出了到达地球大气上界的平均太阳能、地球体系反射了30%的太阳能以后余下了238 J/(m^2·s) 的能量等有关的项目。其中238 J/(m^2·s) 可以维持一个温度是 −18 ℃的星球表面温度，而这个值恰好与大气平均高度（500 hPa）上的平均温度相当。238 J/(m^2·s) 就是每年有7500 MJ/m^{2}的能量影响着地球活动层（含大气与下垫面）。最后我们看到每年蒸发（降落）1000 mm的水分则需要2500 MJ/m^{2}的能量。这说明蒸发热与太阳能是同一个数量级，而且占了它的1/3。可见空中水循环所联系的能量在地球能量平衡中有重要意义。

1.9 空中水与人类活动

人类依靠猎取食物为生，而食物的来源就依靠环境所提供的猎物和作物。尤其是人类进入农耕时代以后，自然降水的丰歉对农业收成的影响十分突出。持续的干旱，或者降水过多是水分循环的不确定性的表现。认识、利用以致改善降水状况是人类多年来的努力方向。

现代人类逐步发展了一些大城市，而现代大城市的排水能力难以应付短历时的暴雨。结果是一些低洼地段、地下通道等会在暴雨时出现积水，使城市交通一时瘫痪。

冬季的降雪、冷地面上的降雨成冰也会严重影响城市交通。2008 年冬天，以中国南方为主的大范围内出现低温、雨雪、冰冻等自然灾害，20 个省份均不同程度受到灾害影响。南方多地出现大雪结冰压塌通信设施的事件，导致多个地区出现停电现象，铁路、高速公路、航空等几乎全部中断，因灾直接经济损失超过 1516 亿元人民币。

空中水凝结形成的雾可以影响机场上飞机的正常起飞与降落，它可以延误很多航班，雾也是高速公路被迫关闭的原因。除了雾以外，严重的冻雨对交通运输，特别是通信和输电线路的影响也很大。2008 年 1 月，江西南昌曾因冻雨导致市区停电 3 h，火车因铁轨冻冰无法驶出，致使几万人滞留在南昌火车站。

练习题

1. 简述空中水在水科学中的地位。
2. 简述空中水在气象学中的地位。
3. 为什么说空中水 9 d 循环 1 次？
4. 简述水分循环过程。
5. 某地年平均出现降水的累计时间是 1000 h，求任何时刻出现降水的概率。如果年降水量是 800 mm，问出现降水时，其平均每小时的降水量是多少？

第 2 章　空中水的存在

我们研究空中水，首先要弄清楚空中水的存在。空中水以水汽、云、降水物这三种形态存在于大气中。大气中水汽所占的比重虽然不高，仅占大气总质量的 2.5‰，却是大气中极其活跃的成分，在天气气候中扮演着重要的角色。水汽上升凝结便形成了云。云总是形态各异、千变万化的。当云中粒子长得足够大，空气浮力和垂直气流不再能够托住它们时，便从天空降落。正在空中形成和降落中的雨滴、雪花、霰粒、冰粒、冰雹等各种水成物质粒的总体就是降水物。只有通过对水汽、云、降水物开展系统、连续的观测，我们才可以了解和掌握空中水的存在状况，进而提高天气预报、气候预测、航空气象保障和人工影响天气的水平，为人类社会的进步和发展服务。由于现有观测技术和观测站网的限制，人类目前对于空中水的存在只有初步的了解，还有许多未知。也正因为如此，这一领域才充满机遇和挑战，大有可为。

2.1　空中水的存在形态

空中水包括弥漫在空中的水汽，飘浮在空中的云，以及空中形成和降落中的雨、雪、雹等降水物。水汽、云、降水物是空中水的三种基本存在形态（张学文 等，2010）。水汽进入大气后，成云致雨，然后又返回地面，渗入土壤或流入江河湖海，之后再蒸发（升华），再凝结（凝华）下降（图 2.1）。因此，在自然界里，水是周而复始地循环着，并在循环运动中不断改变着自身的状态。液态的水可以凝固为固态的冰，也可以蒸发为气态的水汽；气态的水汽可以凝结为液态的云、雨，也可以凝华为固态的冰晶、雪；而固态的冰、雪、雹，可以融化为液态的水，也可以升华为气态的水汽。雨、雪、雹等降水物就是这种水分循环过程中的产物。

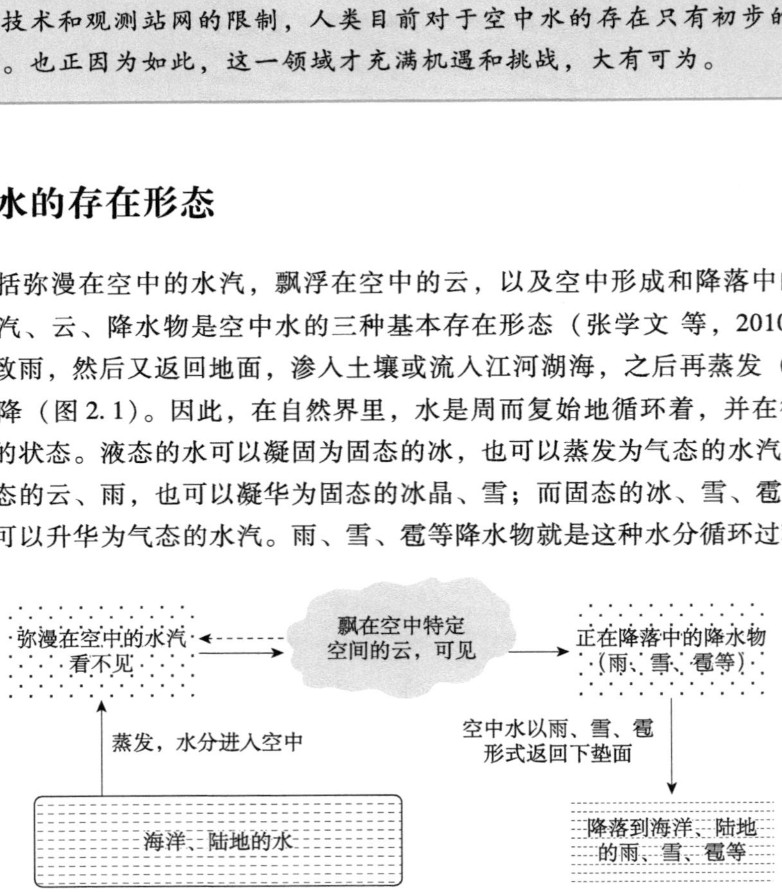

图 2.1　空中水循环概念图

本章将介绍对这三种存在形态的空中水的观测、计量与分布的大致情况。

2.1.1　水汽和水汽总量

我们地球上的大气由多种气体和悬浮于其中的固体粒子或气体粒子（大气气溶胶）所组成。在地球大气的气体成分中，水汽（water vapor）是最重要、最活跃的，它不但造成云雨雷电、天气变化，而且在地球的生态系统中起着重要作用。

水汽，也就是气态的水（water substance in vapor form），在大气中所占的比例很小，仅0.1%~3%，但是由于它存在固液气三态的转化以及在空中——地面之间的每年大约40次的循环而在大气中起着举足轻重的作用，水汽还是温室气体之一，对大气中的物理、化学和动力学过程有重要作用，是数值天气预报和气候研究的重要参数，也是人工增雨（雪）的重要条件。水汽分布随时空变化很大。对于观测领域和模式领域，水汽研究都是充满挑战的课题。

由于地心引力的作用，地面附近空气比较稠密，越往高处，空气越稀薄。大部分空气聚集在从地面往上大约 10 km 的这层大气里，而大气中的水汽则几乎全部聚集在这一层次里。大气中的水汽主要来自地表。江河湖海中的水、土壤中的水分时刻都在被蒸发到空气中。植物内部的水分也通过叶片的气孔在蒸腾。还有寒冷地区的冰雪在缓慢地升华。全球平均来说，每年约有 1 m 深的水从地表输送到大气。除了巨大的地表水汽源，大气水汽的另一个可能来源是 CH_4 的氧化，但是相对来说这一来源是微不足道的。

海洋和陆地上空的水汽输送以及陆地不同区域上空的水分交换，主要包括水汽输送、水汽辐合与辐散、水汽收支与水分平衡。由地表蒸发和蒸腾作用产生的水汽主要通过湍流扩散作用穿过大气边界层到达自由对流层。在自由对流层里，水汽被大气风场和湍流扩散作用在垂直和水平方向上大范围地输送和重新分布，直到它通过气—粒转化过程转化为水滴或冰晶而被降水过程清除。在对流层大气中，水汽的平均寿命为 10 d，在这段时间里，它可以在大气中水平输送到几千千米之外，也有一小部分可垂直输送到平流层。关于空中水的循环，我们将在第 6 章中进一步讲述。

此外，水汽能强烈地吸收地表发出的长波辐射，也能放出长波辐射，水汽的蒸发和凝结又能吸收和放出潜热，这都直接影响到地面和空气的温度，影响到大气的运动和变化。关于空中水在能量平衡中的作用，我们将在第 8 章中具体讲述。

通常把除水汽以外的纯净大气称为干洁大气，简称干空气（dry air）。水汽和干空气的混合气体称为湿空气（moist air）。表示湿空气中水汽含量和潮湿程度的物理量称为空气湿度，简称湿度（humidity），由水汽密度（vapor density），也称绝对湿度（absolute humidity）、水汽浓度（absolute moisture content）、水汽压（vapor pressure）、露点（dew point）、霜点（frost point）、温度露点差（dewpoint depression，dewpoint spread，dewpoint deficit）、相对湿度（relative humidity）、混合比（mixing ratio）、比湿（specific humidity）等多个参量表示，各个湿度参量之间可以相互换算。这些常用的湿度参量的主要特点列于表 2.1 中。

表 2.1　常用湿度参量

名称	定义	常用符号	单位	测量方法
水汽密度	单位体积湿空气中所含的水汽质量	ρ_v	g/m^3，kg/m^3	不容易直接测量，从其他湿度参量换算得到

续表

名称	定义	常用符号	单位	测量方法
水汽压	空气中水汽部分作用在单位面积上的压力	e	hPa	通风干湿表、干湿球温度表
露点温度	空气在水汽含量和气压不变的条件下，降温至相对于平水面饱和时的温度	T_d	℃	露点仪
霜点温度	空气在水汽含量和气压不变的条件下，降温至相对于平冰面饱和时的温度	T_i	℃	露点仪
温度露点差	温度与露点温度的差值	$T-T_d$	℃	温度计和露点仪
相对湿度	空气中实际水汽压与当时气温下的饱和水汽压之比	U	% RH	毛发湿度表、通风干湿表、湿度计、湿敏电容湿度传感器、干湿球温度表
混合比	湿空气中水汽质量与干空气质量的比值	r	g/g，g/kg，kg/kg	由于直接测量湿空气中水汽质量和干空气质量比较困难，混合比和比湿一般无法直接测量，而是从其他湿度参量换算得到
比湿	湿空气中水汽质量与湿空气总质量的比值	q	g/g，g/kg，kg/kg	

各种湿度参量都是针对某一观测点的空气中的水分的一种度量。表示大气中水汽的最本质的物理量是水汽密度。水汽压、露点温度、霜点温度则是辅助的表示水汽的办法。为了说明目前的水汽状态与饱和的状态的差异程度，就引入了相对湿度、温度露点差。为了说明水汽质量与空气质量的比例，就引入了混合比以及比湿，见图 2.2。这些不同的湿度参量，不仅可以互相换算，而且在不同场合各有优点。除温度以外，各个地方地面干湿不同，蒸发的水分供给有很大差异。对流运动使水汽从下层向上层传输，使低层水汽减少，上层水汽增加，也会影响湿度的日变化。气流的性质也有很大影响，夏季低纬度海洋来的气流高温高湿，冬季高纬度大陆来的气流寒冷而干燥，也会影响湿度的年、日变化。由于纬度、海陆分布、植被性质等都能够决定湿度的大小，因此地球表面湿度分布十分复杂。

前面介绍的是任一空气微团中有多少气体状态的水汽数量问题，接下来要介绍的是大气中有多少水分，也就是空气中的水汽总量有多少，一般用“大气可降水量”来表征。大气可降水量是指从地面直到大气顶界的单位面积大气柱中所含水汽总量全部凝结并降落到地面可以产生的降水量，也被称作“可降水量”“大气垂直积分水汽含量”“整层大气可降水量”或“地面以上大气可降水量”，在英文中写作“precipitable water”“precipitable water vapor”“total column water vapor”。因为水汽主要集中在对流层中，所以有些文章里所说的“对流层大气水汽总量”也就是大气可降水量。需要指出的是，大气可降水量作为三维数据，不是地面数据，而是整个气柱的数据。大气可降水量通常用相当的水量在同面积容器中的深度表示，也就是说，大气可降水量是空气柱里含有的水汽的总数量，即“水汽总量”，它对应于空气中的水分全部凝结成降水物降落所能形成的降水量。一般情况下，某地的大气

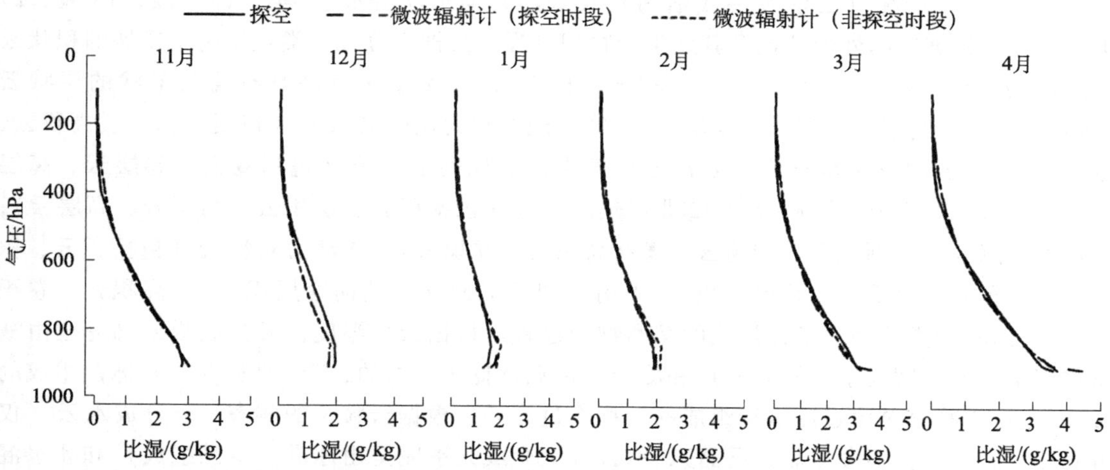

图 2.2　微波辐射计探空和非探空时段总水汽量分解的比湿与探空比湿廓线对比
（乌鲁木齐，2004 年 11 月至 2005 年 4 月）

可降水量中只有小部分能转化为实际降水。因此，从中文字面含义上来讲，可以说用“水汽总量”这个术语来代替从英文直译的“大气可降水量”更为准确。本章将兼用“大气可降水量”和“水汽总量”两种表述。在实际应用中，水汽总量的常用单位有 mm、cm、kg/m^2。而在地球科学中，对于液体水分的密度，取为 1×10^3 kg/m^3 已经足够准确。所以，空中水计量如果是以 kg/m^2 为单位，它恰好等于以毫米深度为单位（无须补入另外的系数），因此用 kg/m^2 表示空气柱内的总水汽量在数值上与使用毫米深度表示水汽量是相等的，如 18 kg/m^2 的空中水即为 18 mm 厚的空中水。大气中影响水汽含量和分布的因素较多。相关研究指出，地理纬度、海拔高度和大气环流是影响各地水汽总量的主要因子。地形高度是影响水汽分布的重要因素，决定着其上空气柱的厚度和含湿能力。虽然地形、气候条件、植被覆盖面、离水汽源地远近使局部地区的水汽含量在水平方向上有很大差异，但一般来说，水汽总量是随着纬度的增加而减少的。

由于目前探测技术的局限，同时许多地区缺乏探测设备，已有探测资料的不连续不完整，水汽是人们了解和认识得不够充分的大气成分之一。如何应用新的技术手段精确地测定大气中的水汽含量是当今气象学所面临的一项重要任务，在全球布设高精度、高密度的水汽探测网络则是各国正共同致力解决的现实问题。

2.1.2　云及其分类

水汽上升凝结便形成了云。云是悬浮在大气中的小水滴、过冷水滴、冰晶或它们的混合物组成的可见聚合体；有时也包含一些较大的雨滴、冰粒和雪晶；其底部不接触地面。

世界上的云千姿百态，它们具有各种各样的外形和空间尺度，可以出现在对流层的不同高度，其组成也可以有不同的相态（固态或液态）。不同类型的云对应着不同的大气状况和天气系统。对云的观测记录和分析研究首先需要对云进行科学的分类。在我国的地面气象观测规范中，根据云底高度，将云分成低云、中云和高云三族，这三族云又按照云的外形特征、结构特点分成 10 属云，这 10 属云再按照云的透光程度（云层厚薄及所含凝结水分的多少)、连续分布情况(云的发展或结构)及云的几何形状分成29类，即三族、10属、29类。此外，根据云的外形特征及其发生的物理过程，又把云分成三类：①垂直发展的积状云(亦称对流云、直展云，包括卷云、积云、积雨云)；②水平发展具有均匀幕状的层状云(包括卷层云、高层云、层云、雨层云)；③呈现波浪起伏的波状云(包括卷积云、高积云、层积云)。从云的发生学出发，云被分成五类：①规则上升云(包括卷云、卷层云、高层云、雨层云、高积云、层积云)；②非绝热冷却云(包括层云、层积云、高积云、高层云)；③热力对流云(包括积云、积雨云、堡状高积云、卷积云)；④动力对流云(包括积云、积雨云、层积云、碎积云、卷积云)；⑤平衍云和下沉云(包括向晚层积云[①]、高积云、卷积云等)。这种分类法描写了云形成的基本物理过程。根据云内温度，云分成暖云(完全由液态水滴组成的温度高于0 ℃的云)和冷云(由温度低于0 ℃的过冷水[②]和(或)冰晶组成的云)，也可以将完全由过冷水滴组成的云称作过冷云。根据云粒子的相态，云分成水云(仅由液态水滴组成，不含冰晶、雪晶)、冰云(完全或几乎完全由冰晶、雪晶组成)和冰水混合云。此外，也把在山地区域由于地形使得气流抬升，水汽凝结而形成的云称作地形云。

关于云，需要从宏观和微观两个层面描述其存在。云的宏观特征是指将云作为一个整体来看时所表现出来的特征，由云的形态、结构、云量、云高、云厚、云的生命史及云中的温度、湿度和上升速度的垂直分布等宏观参量共同描述。此外，通常将云中气象场(如温度场和气流场)和含水量分布等也归为宏观特征。云的宏观特征是与一定的大气动力和热力状况相联系的。而从微观尺度来讲，云是由大量离散的液态或固态粒子所构成的，包括云滴、雨滴、冰雪晶、雪花、霰、雹等(各种水成物质粒)。所以，云的微观特征主要指云中各种粒子的大小及其数密度(或称浓度)，云的微物理特征主要用粒子尺度(大小)分布谱来表达。

云量在时空上分布不均匀，且变化很大。某一地区的云量可能随季节、年份变化很大。就全球尺度或南北半球来看，云量在年际、十年及更长时间尺度上有无显著变化或振荡，高中低云的比率是否有变化，云量与气候变化之间是什么样的相互作用关系，以及其他一些与云量相关的问题，目前还没有明确的答案。

云高、云厚不仅随云属不同，而且对同一云属随时间地点和天气系统变化很大。例如，卷云的高度变化范围可从5 km到20 km，厚度从几十米到几千米；小积云的伸展高度仅上百米，而一些极强对流雷暴云可以冲破对流层顶，云顶高度在20 km以上。

云的生命史差别很大，小对流泡从形成到消散仅有数分钟时间，而超级强(对流)风暴经过发生、发展、消亡过程要数小时甚至十几个小时；大范围的层状云生命史一般都在一两天以上，有的长达10 d以上。平均来说，对流云中的垂直上升速度为每秒几米，层状云中为每秒几厘米，在冰雹云及台风眼壁云墙中的上升气流速度可达每秒三四十米。云中相对湿度无论是对流云还是层状云一般都在90%以上。云中的温度分布在发生阶段，即在云的上升区，其温度比周围环境的要高，数值可从0.1 ℃到10 ℃。云中的温度递减比湿绝热递减率大，而与云外的接近，这是因为云在发生和发展时，总要与四周空气交换，即在夹卷作

① 向晚层积云：积云性层积云的一种，呈扁平长条形，常在日落前后形成，是由于对流衰减后的积云延伸而成，也可由地面散处的受热空气团上升到凝结高度直接成为向晚层积云而不经过积云阶段。

② 卫星和飞机的观测表明，在-40 ℃层以下的云中仍存在过冷水(云中温度低于0 ℃的液态水)。

用下发生混合。积状云的温度层结常常与超绝热接近，而在层状云的上部或顶部存在逆温阻滞层。

至于云的微观特征，粒子尺度是一个最基本的参量。描述粒子大小最简单的是用粒子的直径（或半径）。粒子直径（或半径）的常用单位为微米（μm）。除了云滴、小雨滴以外，其他水成物质粒都是非球体的，所以精确描述粒子的尺度需要考虑粒子的形状。对于非球体粒子应使用多维尺度，或使用粒子的等效直径（如体积等效直径①），或使用粒子的最大尺度等。同时，对于云的研究，具有实际意义的是粒子群。粒子群需要用尺度分布来描述，它是粒子大小和数密度的综合。数密度的常用单位有 cm^{-3}、m^{-3}、dm^{-3}、L^{-1}、mL^{-1}等。不同地区、不同季节、不同云型或同一云型的不同发展阶段，云中水成物质粒的尺度和数密度都是不同的。为了刻画云的微观特征，我们不仅要知道有哪些不同大小尺度的云滴，也要知道单位体积内不同尺度的云滴分别具有多少粒（个数）。不同直径（或者其他尺度特征量）的云滴与其在单位云体积内的数量（称为数密度）的关系称为云滴谱。粒子的尺度分布既可以用尺度档来描述，也可以用谱分布函数来描述，谱分布就是数密度随尺度的变化。谱分布特征可以用单位体积中粒子群平均半径（或直径）、方差、众数半径、中值半径、体积平均半径、有效半径、谱宽、谱型等参数来描述。云粒子有效半径是假设云层水平均一且较厚的条件下，云顶粒子的有效半径，可用于判断云中平均粒子大小。云粒子有效半径（表 2.2）既是决定云辐射特性的重要参数，也是研判人工影响天气作业条件和效果的重要参数。云滴谱（图 2.3）的特性不仅能反映云的性质和发展阶段，对于判断云能否形成降水也是重要的。

表 2.2　2001—2015 年西南地区云粒子有效半径　　单位：μm

	高层云		雨层云		层积云	
	液相	冰相	液相	冰相	液相	冰相
云南	9.93	13.02	9.88	11.26	8.84	11.22
贵州	9.23	12.94	9.21	10.54	8.12	10.22
重庆	9.05	14.76	8.89	10.93	8.25	10.74
四川盆地	8.98	13.91	8.92	10.35	8.19	9.87
川西高原	11.44	16.09	10.68	14.33	2.76	2.17

云中水分分布最重要的参量是云的含水量。云的含水量定义为单位体积云体内的水凝物质量，亦称云水含量。根据云中水分相态的不同，单位体积云体内的水滴水量和冰晶水量分别称作“液态水含量”（Liquid Water Content，LWC）和“冰水含量”（Ice Water Content，IWC）。冷云中过冷水（super-cooled water）的含量也是比较关注的参量，称作“过冷水含水量”。已有的观测表明，云的含水量时空变化很大，不仅在不同地区很不相同，即使在同一块云中不同部位、不同时间也不相同。对流云含水量平均值约为每立方米几克的数量级，最大可超过 10 g/m^3。由于对流云中含水量受很多因素制约，如云内垂直气流、夹卷混合以及湍流交换等，因此云内含水量的分布有很大起伏。例如，对一些 1 ~2 km 厚的较小积云观

① 体积等效直径指的是同体积球体所具有的直径。

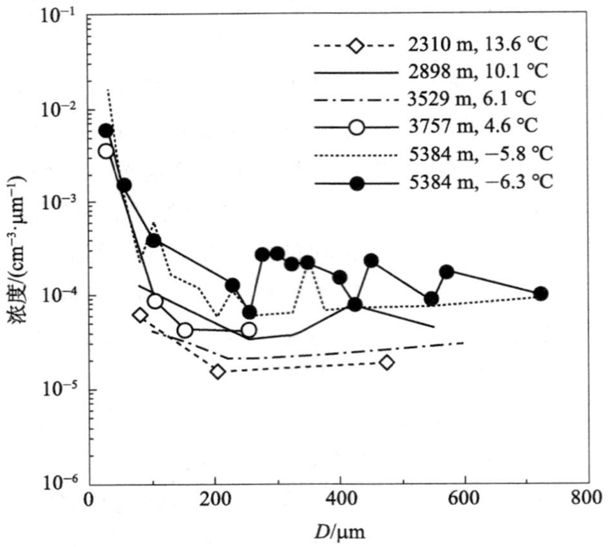

图 2.3　2003 年 8 月 15 日北京上空飞机观测的不同高度云滴谱

测表明，含水量起伏强度（它的平方根与平均值之比）达50%～100%，平均80%。而发展旺盛、厚达10 km的积雨云起伏强度更大，含水量的起伏对云滴成长为雨滴有极为重要的作用。对流云内含水量分布的特点是有一含水量最大区，其四周含水量值逐渐递减，另一个特点是它总小于相应高度和温度下的绝热含水量，愈往上，差值愈大，这表明云内外空气的混合作用很强。层状云的含水量接近于绝热含水量，较冷的层状云更是如此。一般层状云的含水量比积状云少 $10^{-2} \sim 10^{-1}$ g/m^3，分布的高度也不相同。积状云含水量最大值区域是在云的上半部，而在 Ns－As 层状云系内，最大值在云的下半部。层状云中的卷云是由冰晶组成的呈层状、钩状、带状或纤维状的高云。卷云中不含液态水，其冰水含量已有的测量值很分散，范围为 $10^{-4} \sim 1.2$ g/m^3，典型值为 0.025 g/m^3。含水量对云滴增长、降水形成、降水强度大小的影响都是十分重要的。事实上，现有的对云中含水量的观测样本是非常有限的，还需要开展大量的观测试验了解各地区各季节各种天气条件下不同类型的云中含水量的分布情况。

2.1.3　降水和降水物

当云中粒子长得足够大，空气浮力和垂直气流不再能够托住它们时，便下降到陆地和海洋上成为降水。在地面气象观测规范中，降水是指从天空降落到地面上的液体或固态（经融化后）的水；降水量是指从云中降落到地面上的雨、雪、雹等不同形态的降水，在不渗透、不流失、不蒸发的情况下，地面积存（累计）水层的深（厚）度。而本书中的“降水物”一词是指正在降落中（它依然在空中，而不是已经落到地面）的雨滴、米雪、雪花、霰粒、冰粒、冰雹等水成物质粒的总体。一般来说，降水物的粒子（雨滴、米雪、雪花、霰粒、冰粒、冰雹等）尺度是毫米量级的、肉眼可以看到的个体。描述降水物的存在，从宏观上来讲，要考虑其形状、结构、笼罩区域、生命史和下落速度；从微观上来讲，要考虑其粒子尺度和粒子群的谱分布。各种降水物质粒的生成，涉及不同的天气系统、大气环境场特征等宏观因素以及非常复杂的云降水微物理过程和机制，在云降水物理学的相关书籍中已有详细的描述，本书不再赘述。

雨滴（raindrop）是滴状的液态降水物质粒。降水不论最初如何形成，降落到地面时多已表现为雨。云滴与雨滴的一般分界线为粒子半径100 μm、下落速度0.7 m/s，典型雨滴半径1000 μm、数密度 $10^3/m^3$、下落速度6.5 m/s。雨滴在空气中降落时，其形状由大小决定。半径小于140 μm的雨滴可以看作球体。随着尺度的增大，雨滴逐渐变成椭球体和平底椭球体。而当半径大于5 mm时一般会破碎。和描述云中水成物质粒一样，通常以等效直径来描述雨滴的尺度（大小）。

米雪（snow grain）是白色不透明的，比较扁、长的颗粒状固态降水质粒，其直径一般小于1 mm。雪花（snowflake）是冰雪晶和（或）较小雪花的碰连生长形成的不规则形状的聚合体。雪花千姿百态，但多为白色不透明的六角或片状结晶。观测指出，雪花在0 ℃附近出现概率最高，尺度也最大，随着温度的下降，在 -15 ℃附近有第二个极大值存在。除了温度，雪花尺度也受冰雪晶形状的影响。例如，枝状冰晶容易聚合，而柱状和针状则较困难。测定雪花的线性尺度很不容易，通常以雪花融化后的水滴直径来描述雪花的大小。研究认为，最大雪花直径可达15 mm，但大部分在2～5 mm。

霰粒（graupel）也称软雹（soft hail），是白色不透明的圆锥形或球形的颗粒状固态降水质粒，基本上是由各自冻结的小云滴聚合在一起而成，密度小，其直径为2～5 mm。冰粒（ice pellet）是透明的丸状或不规则的颗粒状固态降水质粒，其直径一般小于5 mm。冰雹（hailstone）是直径5 mm以上，坚硬的球状、锥状或不规则的固态降水质粒。冰雹大小不一，差异很大，中等强度的风暴可以生成直径几毫米的冰雹，而一个很强盛的风暴可以生成10 cm乃至更大的冰雹。

各种降水物质粒的谱分布已有许多人采用各种方法进行了测定，并分析研究出一些与之接近的谱分布函数关系式，如Marshall-Palmer分布，进而应用于各种数值模式中。但是由于已有的谱分布都是基于相对于整个降水物系统显得极为有限的样本得出的，因此，这些降水物质粒谱分布函数关系式并不适用于所有性质、所有时间、所有地点的降水物。随着观测技术的进步和观测数据的增长，降水物质粒的谱分布将得到更深刻的认识。

2.2　空中水的观测

作为大气中最重要同时也是时空变化最大的组分，水汽的观测是对其认识、研究和利用的基础，一直以来在天气预报、气候研究和人工影响天气中占有很重要的地位。探空测量是水汽监测的传统方式，同时水汽总量也可以用卫星遥感和地基微波辐射计测量获得，还可以采用飞机探测水汽。近年来，随着GPS（全球定位系统）技术的发展及其与气象学的交叉融合，地基和空基GPS已成为水汽监测的先进手段不断得到应用。除了这些直接或间接的测量手段之外，有的再分析资料也提供了水汽总量的相关数据。此外，有些地区通过建立探空资料获得水汽总量和地面湿度参量之间的经验公式，这些不同的经验公式也被用于计算水汽总量。

关于云，需要从宏观和微观两个层面描述其存在和变化，所以云的观测也需要从宏观和微观两个方面进行。云的宏观观测主要包括云状、云量、云高、云厚，以及云中气象场

(如温度场和气流场)和含水量分布。云的微观观测主要包括云中各种粒子的大小及其数密度分布。有关云的连续观测资料主要有地面观测资料和卫星观测资料两种。目前在气象观测业务中,云的地面观测资料除了实测云高是器测(使用云幕球、激光测云仪,夜间使用云幕灯)以外,均是目测资料。云的目测资料包括总云量、低云量和高、中、低云状及其云高的资料。此外,在地面还可以利用厘米/毫米波/微波雷达、激光雷达、地基微波辐射计、全天空可见光/红外成像仪观测云高、云量、云的含水量等参数。而卫星技术的运用则为云的大范围观测提供了重要手段。地面观测是自下而上进行,而卫星观测是自上而下进行,两者的观测方式是不一样的,同时由于云本身的复杂结构和时空多变性,使得地面观测和卫星观测对云的描述往往不一致(张佃国 等,2007)。所以,国际上始终把云的多手段观测作为云研究的首要环节。除了连续观测以外,国内外利用飞机搭载的各种仪器也对云进行了一些个例观测。

常见的降水物有雨滴、米雪、雪花、霰粒、冰粒、冰雹。对降水物的观测有四种基本方法,即常规观测、雷达观测、卫星观测和飞机探测。随着探测技术的发展,采用多种手段对降水物进行观测成为研究和业务工作的需要。而地面降水的测量虽然有各种庞杂的雨量计、量雪器,其观测(降水量、雪深、雪压等)较为传统并已形成行业规范。而对于还在降落中的水成物质粒,可以采用在地面使用染色滤纸法、滴谱测量仪、二维滴谱摄像仪测量滴谱。对于雪花,曾经采用拍照的方法研究其形状。对于冰雹,还可以取样后进行切片研究其构成。

本章将介绍水汽、云和降水物的几种主要观测手段。

2.2.1 地面常规观测

全球地面观测站记录至少已有几十年,具有观测时间序列长、局地代表性强的特点。

通过地面目测可以判定云状、估计云量、测定云高、判定降水物的形态。随着科学技术的进步,不断有新的探测设备研制成功并投入使用,地面目测工作相应减少。然而在许多科学试验和应急业务中,仍然离不开地面人的肉眼目测,并且对目测的质量有了更高的要求。

地面降水的测量已有了各种庞杂的雨量计、量雪器,其观测(降水量、雪深、雪压等)较为传统并已形成行业规范。典型的云量观测仪器有数码 CCD 相机、全天空成像仪、红外云分析仪等。而云高则可以使用云幕球、云幕灯和激光测云仪。通过雨滴谱仪可以获取降水物的谱图。然而,和地面目测一样,由于站点分布有限,地面器测很难得到覆盖整个分析区域甚至全球的完整信息。

2.2.2 探空观测

长期以来,探空都是水汽总量监测的基本手段。探空(sounding)是指采用气球自由升空方式对自地球表面到几万米高度空间空气运动的状态(风向、风速)和气象要素(气压、温度、湿度)的变化进行探测、收集、处理的活动和工作过程。探空分为常规探空和加密探空。常规探空即常规高空气象观测,是指采用气球携带无线电探空仪(radiosonde),以自由升空方式对自地球表面到 35 km 高度空间的大气气象要素(气压、温度、湿度)和运动状态(风向、风速)等的变化进行观测、收集、处理的活动和工作过程。常规探空作为一项基本的气象业务,积累长期的资料,因此各种新的水汽总量监测方法诞生之后,其可行性和精度的验证一般都是将其监测结果与基于探空计算出的水汽总量做比较进行的。我国现有常规探空站 120 个，每天在北京时间 08 时、20 时（气球在 07 时 15 分、19 时 15 分施放）进行定时高空气象探测。全球的常规探空站约 1300 个，其中有超过 2/3 的站点每天在 0000UTC（北京时间 08 时）和 1200UTC（北京时间 20 时）两个时次进行高空探测，有 100 ~ 200 个站点每天探测一次。在海洋和极地的常规探空站点极为稀疏。在我国的青藏高原地区，常规探空站点也相当少。常规探空在空间和时间密度上远远满足不了业务和科研的需求，因此需要实施加密探空。加密探空是指在一天两次的常规探空的基础上增加探测的时次或者在常规探空站点外增加探测站点。

表 2.3 列出了已发表的文献中利用探空资料计算的我国一些地区的水汽总量。

表 2.3　探空计算的我国一些地区的水汽总量

地区	资料时间序列	水汽总量/mm											
		1 月	2 月	3 月	4 月	5 月	6 月	7 月	8 月	9 月	10 月	11 月	12 月
北京	1960—1969 年	2.6	3.2	5.4	9.6	15.3	25.6	41.0	38.1	23.2	12.8	6.5	3.4
哈尔滨	1960—1969 年	1.9	2.0	3.5	6.0	11.7	21.7	33.4	31.3	16.6	8.0	3.8	2.3
济南	1960—1969 年	3.8	4.8	7.9	12.6	18.4	32.4	45.7	43.7	26.4	15.6	8.9	4.7
汉口	1960—1969 年	10.5	11.7	17.8	25.5	33.5	40.1	55.8	52.4	39.6	26.3	17.9	11.6
广州	1960—1969 年	20.6	25.7	33.0	40.3	51.7	57.1	56.1	55.1	49.7	39.3	30.7	23.1
海口	1960—1969 年	27.6	31.0	37.6	44.6	52.8	58.0	55.5	54.1	52.2	44.9	38.6	30.3
石家庄	2000—2004 年	8.4	12.9	21.5	23.8	25.6	35.5	42.8	45.9	32.8	21.6	20.1	12.7
甘孜	1993 年	3.8	4.1	4.9	7.2	10.5	15.9	20.1	21.2	15.3	10.6	5.7	4.0

此外，探空观测到的温度、湿度、风速、风向可用于分析云层数、云顶高度、云底高度以及云层厚度。但是探空的观测方法和覆盖的区域范围本身有其局限性，要对这些云垂直结构参数有更为准确的探测还需借助于新的探测仪器。

以往在气象业务和研究工作中，一般把探空资料当作测站正上方某段时间内温、湿、压、风随高度变化的观测结果。实际上，探空气球受高空气流的影响会产生一定漂移，探空气球各层水平漂移距离冬季大于夏季，探空气球水平漂移的距离随探空高度的增加而增大，最大漂移距离有时会超过 200 km（陈哲，2010），这使得探空结果实际上并不能精确代表测站正上方的空中水状况。同时，探空一直以来受到站网稀疏的限制，并且常规探空一天之中只能取得两个时次的观测资料。而作为常规探空补充的加密探空，由于人力、仪器成本制约无法广泛开展。近年来，由于航班频增，空中流量限制日趋紧张，航空管制使得加密探空经常无法按计划实施。探空观测的这些限制迫使科研机构和业务部门不断发展其他观测方式。

2.2.3 雷达观测

天气雷达是基于云、雨、雪等降水粒子对电磁波的散射和吸收原理，探测大气中的降水或云中水滴的浓度、分布、移动和演变，了解天气系统的结构和特征，是气象雷达的一种。在多普勒雷达产品中，垂直累计液态水含量（VIL）表示将雷达反射率因子数据转换成等价的液态水的值，反映了降水云体在某一底面积的垂直柱内液态水的总量，其假设所有反射率因子返回都是由液态水滴引起的经验导出关系。此外还有激光雷达和云雷达，可用于探测云的垂直结构信息、反演云的微物理特性。

同时，我国新一代天气雷达提供了丰富的产品监测降水物的相关信息，如利用反射率因子产品分析降水系统的移向、移速、强度以及降水性质等特征。而双偏振雷达还可以提供降水物粒子的相态、形状、尺度的分布等信息。还有风廓线雷达也可以获取降水物的雨滴谱（图 2.4）。

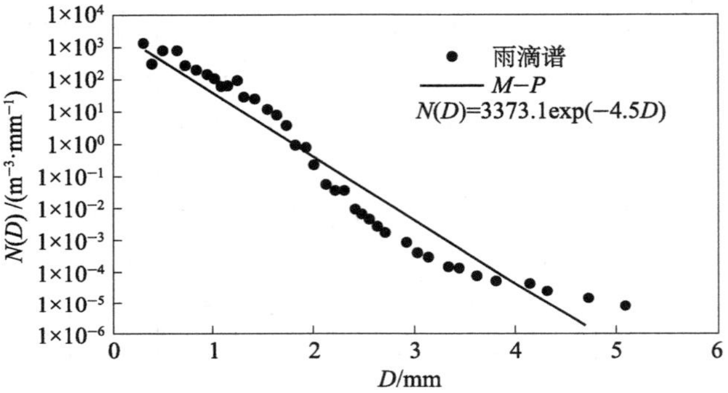

图 2.4 2007 年 7 月 6 日 23:49 北京延庆的风廓线雷达在 1830 m 高度处的雨滴谱分布及指数拟合

2.2.4 卫星遥感

卫星可以利用搭载的星载传感器利用红外、微波、GPS 等技术反演大气中的水汽总量。自 1960 年第一颗气象卫星升空以来，全球已发射的气象卫星有上百颗。1999 年美国成功发射了地球观测系统（EOS）的第一颗极地轨道环境遥感卫星 Terra，2002 年又成功发射 Aqua 星，利用这两颗卫星上搭载的中分辨率成像光谱仪（MODIS）近红外通道可以反演高分辨率的大气可降水量。1996 年，德国研制了组合式光电扫描仪 MOS，利用该卫星观测近红外数据开展水汽反演算法研究。2002 年，欧洲空间局发射的 ENVISAT 卫星携带中分辨率成像分光计，开始利用 940 nm 附近通道自动反演水汽总量。日本则在 ADEOS 卫星上搭载偏振测量仪器 POLDER，其目的之一也是研究近红外水汽的探测与反演。1999 年，我国在风云一号卫星的扫描辐射计上设置了 940 nm 水汽通道，并进行反演试验。2008 年 5 月成功发射的风云三号 A 星搭载了中分辨率光谱成像仪（MERSI）延续了 FY-1C/1D 近红外水汽探测功能，设有 20 个光谱通道。其中 5 个通道可用于近红外水汽探测，同时搭载的可见光红外扫描辐射计（VIRR）可反演大气可降水量产品，红外分光计（IRAS）、微波温度计（MWTS）和微波湿度计（MWHS）可用于大气温湿度的垂直探测。2016 年 12 月，我国成功发射风云四号A星，采用三轴稳定平台，搭载有多通道扫描成像辐射计等多种先进观测仪器，代表着当今气象卫星顶尖水平，其中的干涉式大气垂直探测仪（GIIRS）是国际上第一台在静止轨道上以红外干涉分光方式探测三维大气垂直结构的精密遥感仪器。图2.5给出了2015年3月卫星反演的全球水汽总量。

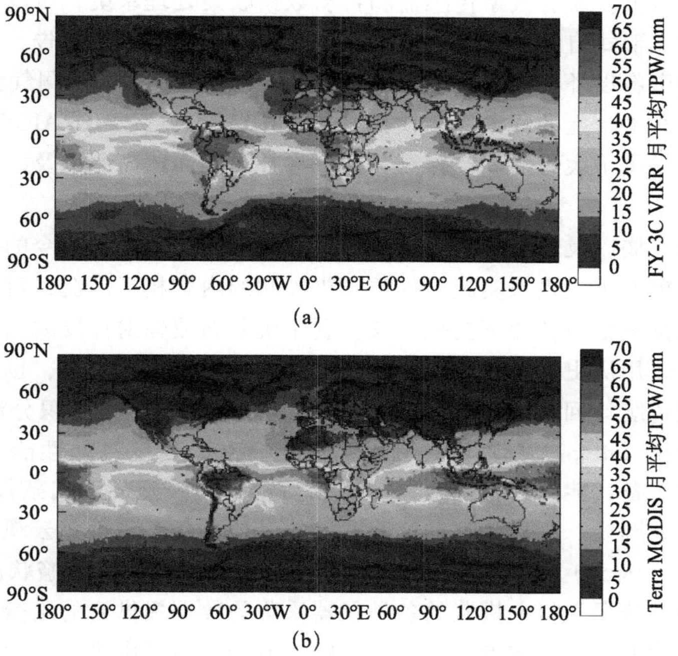

图2.5　2015年3月全球水汽总量

（a）FY-3C VIRR 反演结果；（b）Terra MODIS 反演结果

而全球大范围宏观的云观测，目前主要依靠卫星遥感。随着卫星遥感技术的发展，各种性能优越的星载传感器相继升空，使得从太空监测全球范围云等气象要素的变化成为可能，有力地弥补了传统观测手段的不足。卫星反演云参数是卫星遥感云的重要内容，主要包括云的光学厚度、相态和云顶高度、温度、气压以及云粒子有效尺度等。近年来，星载多角度偏振辐射计、毫米波雷达以及偏振激光雷达相继升空，为云参数的探测和反演工作开辟了广阔前景，国内外学者也针对不同的星载传感器提出了多种云相态反演算法。目前可用于云相态反演的星载传感器主要有AVHRR、MODIS、SEVIRI、POLDER、CALIOP等。随着技术的进步，可供使用的遥感资料越来越多，这些卫星资料的时间、空间以及光谱分辨率也在不断提高，将会越来越广泛地应用到云的观测研究。

卫星遥感在很大程度上解决了地面和探空常规观测资料的不足。尽管有些气象卫星数据的空间分辨率或时间分辨率较低，但同常规观测或飞机观测相比，因其可提供各种时间和空间尺度上的连续和均匀的观测数据，具有其他观测手段无法替代的优势。

2.2.5　飞机气象探测

飞机气象探测（aircraft meteorological sounding）是指利用携带气象探测处理仪器的航空器进行的高空气象观测。这种探测系统对于弥补海洋、沙漠、低纬度和南半球等常规探空站稀少地区的气象资料不足有重要作用。其实，早在全球无线电气象探空站网建立之前，飞机气象探测作为气象业务已于第一次世界大战期间在欧美进行。如今，飞机气象探测通过商用的民航飞机和气象专用的飞机在全球范围广泛开展，已成为大气探测的重要手段之一，它提供了包括水汽数据在内的庞大资料。

商用的民航飞机大多装有气象传感器和自动数据收集处理系统，可以将飞机在飞行中观测的气象数据以报文形式自动传输到地面接收站。民航的这些气象报告，是除气象部门的常规地面、高空观测资料以外，观测范围最广的仪器实地（in-situ）观测气象记录。一些构建在商用民航飞机观测平台上的气象探测项目（如 AMDAR 项目、MOZAIC 项目）对大气中的水汽开展了测量，提供了大量的高空探测数据，弥补了洋面、高原以及沙漠地区观测资料的不足。

随着航空业的发展以及全球范围内许多重大科研项目的开展，如今的飞机气象探测已经越来越多地通过气象专用飞机来实施。气象飞机探测的内容相当广泛，对于大气中水汽的探测主要是利用机载微波辐射计和下投探空仪。利用机载微波辐射计反演上空的水汽总量有多种方法，例如，可以用历史探空统计资料做相对湿度诊断产生云样本，也可以利用云数值模式产生云样本再通过统计回归求取机载对空微波辐射计测云中路径积分液态水含量反演系数。而下投式探空仪（dropsonde）则是利用飞机在高空的高度机动性能、从高空向地面投放的一种探空观测装备，能较为精确地探测对流活动较为强烈的天气条件下的温、湿、压、风等气象要素的垂直廓线。飞机是目前穿云观测的最佳平台。飞机穿云观测除了飞机上技术人员记录的云底高（入云）、云顶高（出云）、云量、云状、气流颠簸状况、有无积冰等宏观特征外，更多的是依靠飞机上搭载的各种仪器采集的数据提供云的宏微观特征。云中温湿度场的分布可由机载温度计、露点仪得到。云中气流场分布可由机载雷达得到。云中含水量分布可由机载含水量仪、对空微波辐射计得到。云中粒子谱分布则可由 PMS 系列探头、DMT 系列探头、云凝结核计数器等得到。此外，气象专用飞机飞行时，其搭载的 PMS 系列探头、DMT 系列探头可以获取降水物粒子谱分布，并取得降水物粒子的二维图像。飞机观测取得的这些信息虽然很有限，但是可以提供最直接的降水物信息。作为最灵活准确的实地观测资料，飞机探测的优越性显而易见。

2.2.6 地基微波辐射计测量

作为被动式大气微波遥感技术，微波辐射计的应用在 20 世纪 60 年代以后兴起，通过探测大气本身发射的微波辐射信号，并基于这些信号的特征及其在大气中的传输规律，反演大气水汽、温度、降水等大气要素。理论分析与实验观测都证实：空基和地基测得的微波辐射亮度温度与大气中的水汽总量基本上呈线性关系。微波遥感水汽总量可以采用 1.348 cm 吸收带上的单通道，或配合 8 mm 微波窗区通道，或用多通道组合的方法来实现。一些地基微波遥感实验结果表明，在晴天条件下微波辐射亮温与水汽总量的线性相关系数高达 0.95 以上。在阴天条件下，微波遥感的水汽总量与探空测量结果较一致，其均方根相对误差可小于 20%，因此可以使用 8 mm 与 1.35 cm 波段地基遥感大气中的水汽总量。空基微波遥感海洋上空水汽总量与探空测量值间的相关系数可高达 0.9。使用 1.35 cm 吸收带空基遥感海洋上空水汽总量也是可行的。我国拥有自行研制的多种型号地基或机载用的微波辐射计，为遥感大气水汽总量提供了有力的工具。例如，图 2.6 是利用放置在北京南郊观象台的 12 通道地基微波辐射计 2005 年 9 月—2006 年 8 月资料得出的北京 24 h 水汽总量日变化。

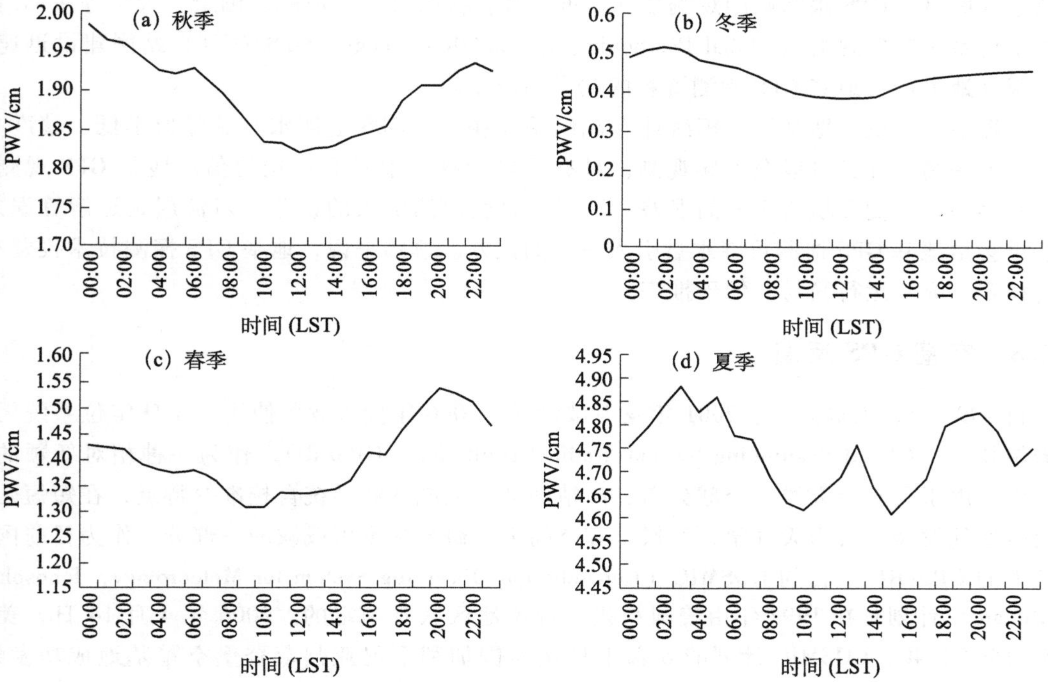

图 2.6　北京四季水汽总量日变化

云和降水对微波的吸收具有连续吸收的特性。除了氧气和水汽的几个强微波吸收带外，云和降水对微波的吸收和辐射要比晴空大气强得多，加上其微波辐射特征与云和降水的特性参量之间的明确定量关系，构成了微波遥感云和降水的原理依据。微波遥感云和降水的通道应当避开氧气和水汽的吸收带，以增加综合遥感通道之间的独立性，目前普遍选用 8 mm 微波通道，用于遥感云和降水。

地基微波辐射计观测受云、降水、背景温度的影响较大。例如，在三江源及其周边地区采用多源水汽资料对比检验，发现地基微波辐射计反演的水汽总量总体偏大，特别是当降水大于 1 mm 或液态水含量大于 2 mm 时，微波辐射计反演的水汽总量的总偏差和系统误差均很大。这些因素制约着地基微波辐射计的广泛应用。

2.2.7　地基 GPS 反演

全球定位系统（Global Positioning System，GPS）由美国 1973 年开始研制，1989 年开始发射工作卫星，1994 年全部建成投入使用。近年来，GPS 技术被作为新的水汽探测技术得到应用，具有低成本、高精度、高时间分辨率、可以全天候观测等特点。自 1987 年 Askne 等（1987）推导大气湿延迟与大气可降水量的关系以来，利用地基 GPS 遥测大气可降水量的技术不断发展（Bevis et al.，1992）。我国于 1996 年首次开展了 GPS 气象学试验，初步验证了地基 GPS 观测为气象服务的可行性和可靠性。随后，上海（1997 年）、北京（2000 年）、安徽（2002 年）等地陆续开展地基 GPS 遥测大气可降水量试验，取得了有意义的结果。而在全球范围内，截至 2012 年 2 月，各国加入国际 GPS 服务机构（International GNSS

Service，IGS，原名 International GPS Service）跟踪网的地基 GPS 站有 439 个，通过 IGS 即可以获取这些 IGS GPS 跟踪站的观测数据。近年来，我国气象、地震、测绘、天文等多部门的全球定位系统气象观测（Global Positioning System/Meteorology，GPS/MET）站网建设迅速发展，很好地推进了地基 GPS 观测资料的共享和应用。

与探空、飞机、地基微波辐射计等观测手段相比，GPS 遥测水汽总量成本低、精度高、时间分辨率高，并且可以全天候观测，具有很好的推广前景和应用价值。地基 GPS 观测系统固有误差，观测环境所引入的误差，气压、温度观测引入的误差，对流层延迟解算误差，这些也会给地基 GPS 遥测可降水量引入一定的误差。总的来说，地基 GPS 探测技术投资小，设备稳定可靠，运行简易，便于推广。

2.2.8 空基 GPS 反演

自 1995 年发射概念星，2001 年发射试验星，2006 年投入业务使用，全球定位系统无线电掩星技术（Global Positioning System/Radio Occultation，GPS/RO）作为一种相对新颖的观测手段，由于具有全天候、全球分布、高精确度、低成本和系统自校准等特点，在短短几年中获得蓬勃发展，成为天气学、气候学和空间天气研究中不可或缺的一部分。作为目前国际上最大的 GPS/RO 项目的 COSMIC（Constellation Observing System for Meteorology，Ionosphere & Climate）计划是在 1997 年由美国和我国台湾地区联合制定的。2006 年 4 月 14 日，美国东部时间 21:40，COSMIC 计划的 6 颗卫星从美国加利福尼亚州范登堡空军基地成功发射。2006 年 9 月开始，COSMIC 每天提供覆盖全球的大气要素廓线。COSMIC 计划每天可产生 1000～2500 个掩星廓线，极大地弥补了常规探空的不足，尤其增加了高原等缺少探空观测地区的监测。COSMIC 提供的资料产品有原始 GPS 资料、轨道定轨资料、大气廓线资料、电离层电子总量和电离层廓线资料、卫星电离层摄像机的原始 TIP 资料。其中大气廓线资料主要有干模式大气廓线、湿模式大气廓线、再处理大气廓线、电子浓度廓线。反演水汽总量可以采用 COSMIC 的湿模式大气廓线资料，包括温度、气压、水汽压和折射率指数，其垂直分辨率达 100 m，分层 400，探测高度 0～40 km。COSMIC 廓线在全球范围，平均每天产生一共 3000 条廓线，接近随机分布，没有传统意义上的时空分辨率。

高精度星载 GPS 接收机是制约我国 GPS 掩星观测的关键。有关部门通过国内研制、国际合作的方式，积极突破星载 GPS 接收机的研制技术，掌握 GPS 掩星接收、数据处理技术。利用 GPR/RO 技术用于常规探空站点稀疏的区域获取水汽总量具有良好的应用前景。我国 2013 年发射的风云三号 C 星搭载的 GNSS 掩星探测载荷实现了全球大气垂直探测，不仅是国内首台星载业务运行的 GNSS 掩星探测仪，而且是国际首台北斗导航系统和全球定位系统双系统兼容的掩星探测仪，每天大约能开展 500 次掩星观测。

2.2.9 再分析资料计算

NCEP 再分析资料由美国国家环境预报中心（NCEP）推出，它是由模式获得的全球再分析资料。该资料从 1948 年 1 月 1 日至今，每天输出 4 个时次（00Z、06Z、12Z、18Z），全球范围的产品中包含有大气可降水量，水平网格有 2.5°×2.5°、1.0°×1.0°、0.5°×0.5°。例如，图 2.7 是利用 0.5°×0.5°的 NCEP 大气可降水量资料给出的我国西南地区年平均水汽总量分布。

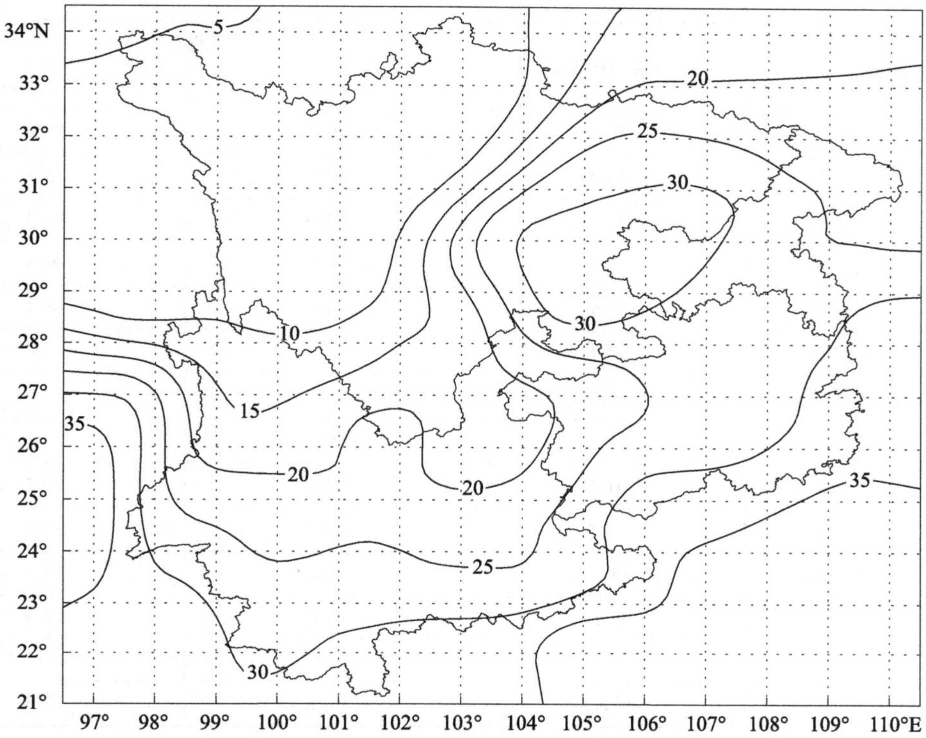

图 2.7　我国西南地区 1980—2009 年平均水汽总量分布（单位：kg/m^2）

类似地，欧洲中期天气预报中心的 ECMWF 再分析资料也可用于计算水汽总量。

2.3　空中水的分布

上面介绍了空中的水汽、云、降水物的概念以及相关的观测。现在讨论通过这些观测数据获得的关于空中水的一般分布认识。需要指出的是，空中水在时空上分布非常不均匀，且变化较大。由于探测手段的局限，人类目前对于全球空中水的分布所知不多。

2.3.1　全球空中水的数量和分布概况

一般认为，大气中的水汽仅占地球上总水量的十万分之一（0.001%），覆盖全球；全球水汽总量约 1.3×10^{13} t，相当于覆盖全球表面厚度为 25 mm 的水层（表 2.4）。多年来，世界各地的科学家一直通过各种探测手段积极寻求掌握全球空中水汽数量和分布，初步获取了一些信息（图 2.8），但是目前所取得的这方面的信息和知识还是很有限的。

表 2.4　全球大气中多年平均水汽总量

区域		面积/10^6 km^2	水汽总量	
			/km^3	/(kg/m^2、mm)
陆地	欧洲	9.8	144	14.7
	亚洲	40.8	864	21.2

续表

区域		面积/10^6 km^2	水汽总量	
			/km^3	/(kg/m^2、mm)
陆地	欧亚大陆	50.6	1008	19.9
	非洲	29.5	848	28.7
	北美洲	20.1	32.9	16.4
	南美洲	17.7	522	29.5
	大洋洲	7.6	183	24.1
	南极洲	14.0	21	1.5
陆地合计		139.5	2911	20.9
海洋	北冰洋	14.7	97	6.6
	大西洋	91.7	2400	26.2
	印度洋	76.2	2100	27.6
	太平洋	178.7	5200	29.0
海洋合计		361.3	9797	27.1
各个岛屿		—	200	—
全球合计		500.8	12611.9	25.4

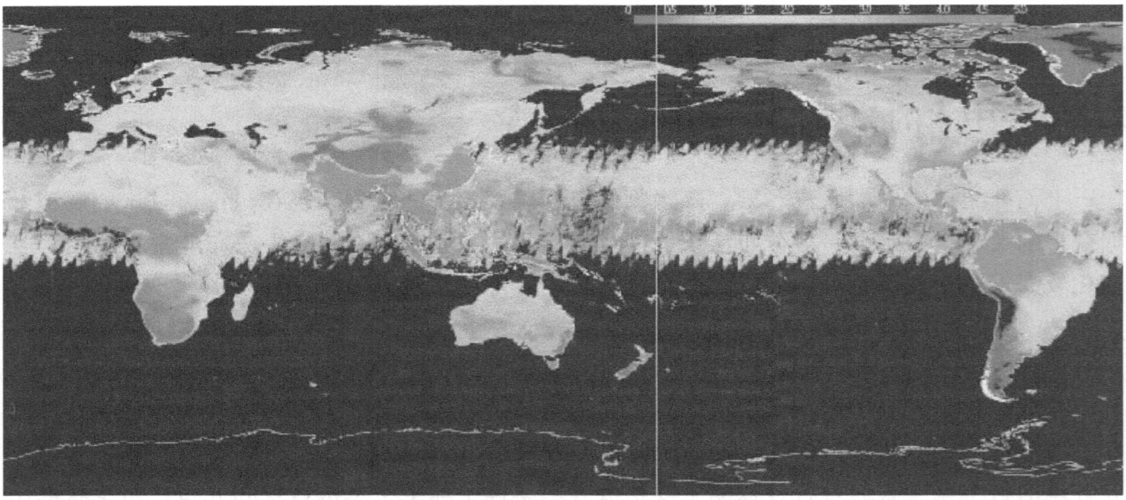

图 2.8　FY-3A 近红外资料反演的全球陆地水汽总量多日合成月平均产品（2009 年 8 月）

早期云量等云气候资料主要来源于地面观测。20 世纪 60 年代之后才开始有卫星资料，首次为人类提供了较为系统的全球云气候资料是在始于 1982 年的 ISCCP 计划经过多年的观测逐步建立起的。利用 ISCCP D2 资料，丁守国等（2004）给出了全球云量的分布（图 2.9），范思睿等（2020）给出了我国不同类型水云、冰云的云量分布（图 2.10、图 2.11）。

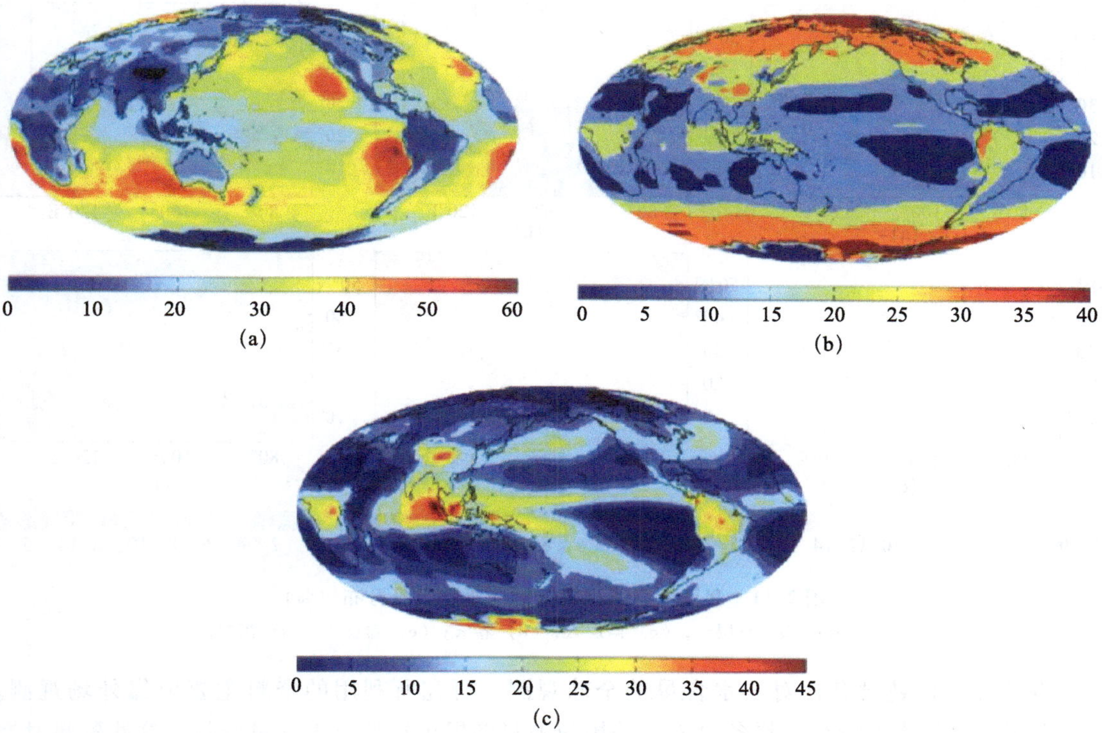

图 2.9　全球年平均云量分布（%）

（a）低云；（b）中云；（c）高云

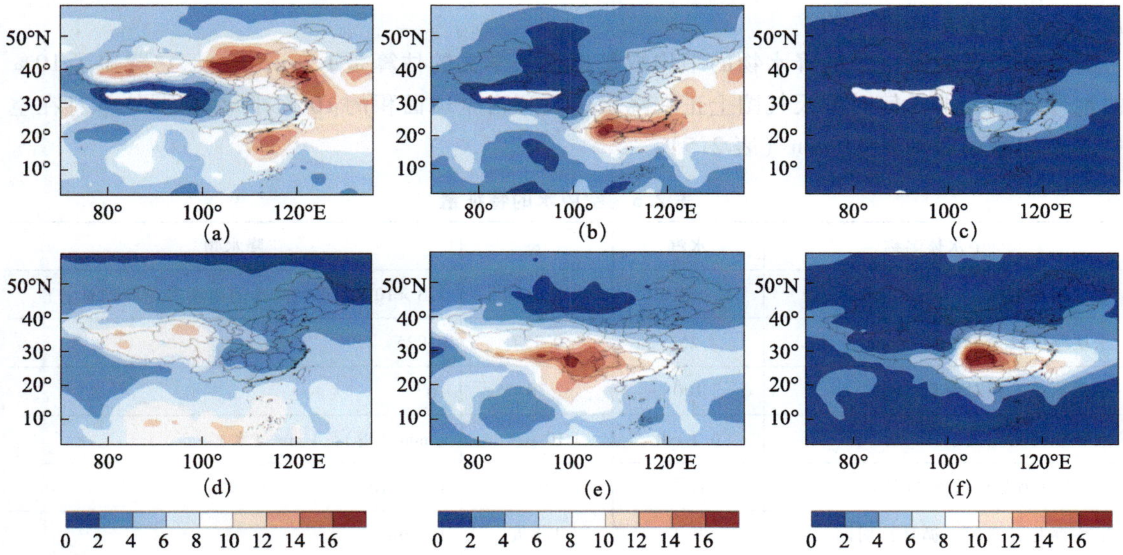

图 2.10　我国不同类型水云的年平均云量分布（%）

（a）积云；（b）层积云；（c）层云；（d）高积云；（e）高层云；（f）雨层云

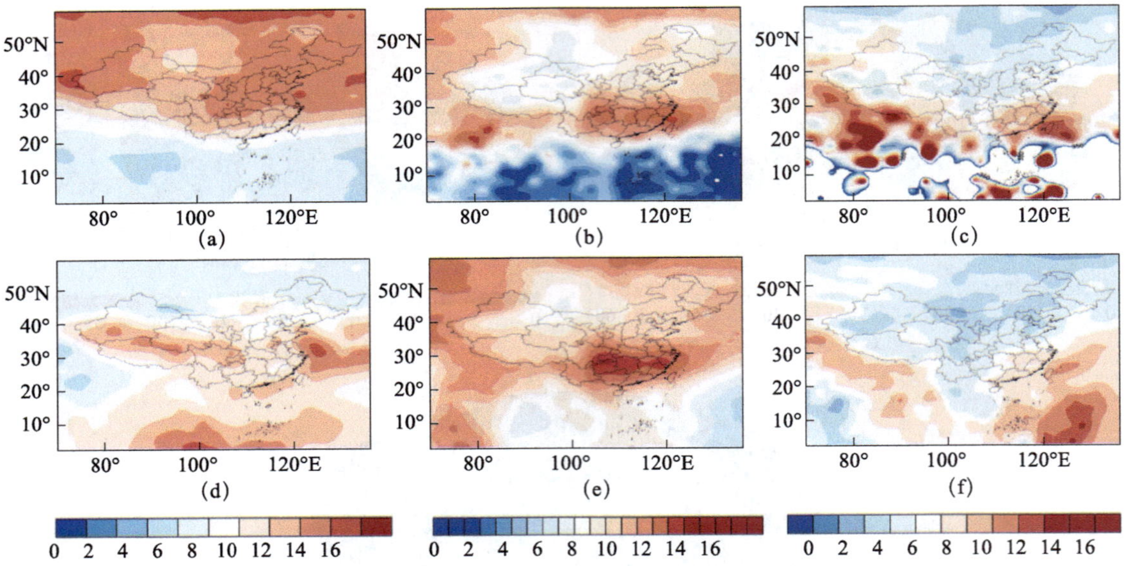

图 2.11　我国不同类型冰云的年平均云量分布（%）

(a) 高积云；(b) 高层云；(c) 雨层云；(d) 卷云；(e) 卷层云；(f) 深对流云

1980 年以前还没有针对云水含量的全球观测，研究所利用的资料主要依靠外场观测。由于观测需要较大的资金和设备投入，外场观测只能提供短期云水含量资料，这些资料时空范围十分有限，目前人类对于全球云水含量的整体分布还缺乏了解。张学文（2002a，2002b）估算了全球云的含水量，认为全球大气云中的含水量大约是 900 亿 t。我们知道，全球水汽总量约 1.3×10^{13} t。可以发现，云中含水量远远小于看不见的水汽。在计算空中水总量时忽略云中水是可以的。

全球任意时刻空中的降水物的平均数量根据张学文的估算是 1.3×10^{10} t，它覆盖了 10% 的地球面积，即任何时刻天气图上正在降水的面积占全球面积的 10%。降水物颗粒本身在空中的平均滞留时间是 13 min（表 2.5）。

表 2.5　空中水的特征量

空中水体名称	水汽	云	降水物
全球的数量/t	1.3×10^{13}	9.03×10^{10}	1.3×10^{10}（正在降落的雨滴雪花等的总量）
水层厚度（全球平均）/mm	25	0.177	0.025
占据地球的相对面积/%	100	70	10①
水颗粒的典型大小	0.1 nm	10 μm	1 mm（雨），4 mm（雪）
1 L 空气内数量/(个/dm^3)	10^{19}	10^6	1，即 10^0
平均存在（滞留、循环）时间	9 d	1.8 h	13 min

① 根据张家诚、林之光的《中国气候》（上海科学技术出版社，1985）206 页关于雨时数据的推算。

2.3.2　我国空中水的数量和分布概况

我国受海陆分布和大气环流的影响，具有独特的气候特征。20 世纪 50 年代开始，国内就有科学家进行我国水汽含量的研究。崔玉琴（1997）用方向不同的 20 个边界模拟酷似桑叶形的我国大陆边界线，对我国大陆上空的水汽资源进行了一些分析，根据 1981—1986 年的水汽输送计算结果，得出每年通过四周边界进入我国大陆上空的水汽平均年总输入量为 208381.2 亿 m^3，通过四周边界流向境外的水汽平均年总输出量为 175196.8 亿 m^3，两者之差即水汽净输入量为 33184.4 亿 m^3，此即我国大陆上空拥有水汽资源年总量，相当于水深 358 mm。翟盘茂等（1997）利用 57 个探空站和相应台站 1970—1990 年的资料，计算得出了我国大陆上空大气水分分布，发现我国大气水分分布主要依赖于季节、纬度和地理因子，受季风影响很大，年变化明显。夏季大气水分含量丰富，冬季最少，东南沿海最多，向北和内陆深入迅速减少。1997 年出版的《水文循环的大气过程》一书也给出了我国各个水系上空的水汽总量（刘国纬，1997）。但是过去的研究由于受到探测手段和资料的限制，气候方面的意义并不突出，对于我国上空水汽的整体分布还缺乏了解，给出的定性和定量的描述还较少。

我国地形复杂，区域跨度大，云的变幅也大，总云量的分布是南方多于北方，东部多于西部，川黔地区为高值中心，青藏高原西北部和内蒙古北部为云量最少的地区，青藏高原东侧和东南沿海为相对多云区，青藏高原北侧至内蒙古西部和东北为少云区，川黔、雅鲁藏布江地区及长江以南地区总云量在 70% 以上，青藏高原北部、西北、东北、华北平原北部总云量在 65% 以下，低值中心青藏高原西北部、内蒙古北部总云量不到 45%，新疆、西藏大部分地区总云量基本维持在 55% 以下（表 2.6）。

表 2.6　我国陆地上空总云量的有关数据

区域	范围	区域格点数	格点使用的平均台站数	ISCCP D2 总云量/%	地面观测总云量/%
西北	37°—50°N，74°—100°E	22	1.8	57.65	46.82
青藏高原	23°—37°N，74°—100°E	21	4.4	62.02	55.54
东北	40°—55°N，100°—135°E	37	5.5	60.46	43.06
华北	32°—40°N，100°—122°E	27	12.5	60.13	52.30
华南	18°—32°N，100°—122°E	38	14.9	69.32	69.40
全国	包含以上 5 个区域	145	7.8	62.52	54.06

由于地面台站对云的观测主要通过目测方式对云量和云状等进行观测，达不到对云水含量的定量观测，云水含量资料缺乏，给定量研究中国地区的云水含量的长期变化和地理分布特征造成困难，这也在一定程度上阻碍了空中水资源开发和调配的关键科学问题的研究。李兴宇等（2008）利用 ISCCP D2 数据集的云水路径产品给出了我国陆地上空的云水含量分布，发现我国陆地上空云水含量的最大值位于四川盆地和东南地区；由南向北逐渐减少，纬向分布特征明显；尽管青藏高原与四川盆地处于相同纬度，但其云水含量明显偏小；在云贵高原地区由于东西两侧云水含量差异较大，这一地区的云水含量梯度最大；低值区基本位于中国西北部，而其中新疆北部地区沿天山山脉以西云水含量相对较高；东北地区东部、内蒙

古东部和华北大部分地区云水含量偏小。

2.4 空中水的铅直分布

前面讨论了空中水的质量及其地理分布等特点。这里分析空中的水汽在垂直方向的分布特点。

我们已经知道大气压力随高度的增加而迅速减少，大气压力与高度的关系基本是负指数关系。这个关系是服从理想气体公式的空气还满足静力学关系（压力与其上方的气体质量相等）的体现。由于水汽也是理想气体，并且是空气的一部分，所以预期水汽压随高度增加也应当是依负指数的关系而递减的。20 世纪 50 年代，苏联学者就指出了水汽压服从负指数关系。图 2.12 给出了新疆的四个探空站的 1 月、4 月、7 月、10 月的水汽压随高度增加而减少的情况和公式，说明水汽压（10 年平均）随高度的变化确实很符合负指数关系。

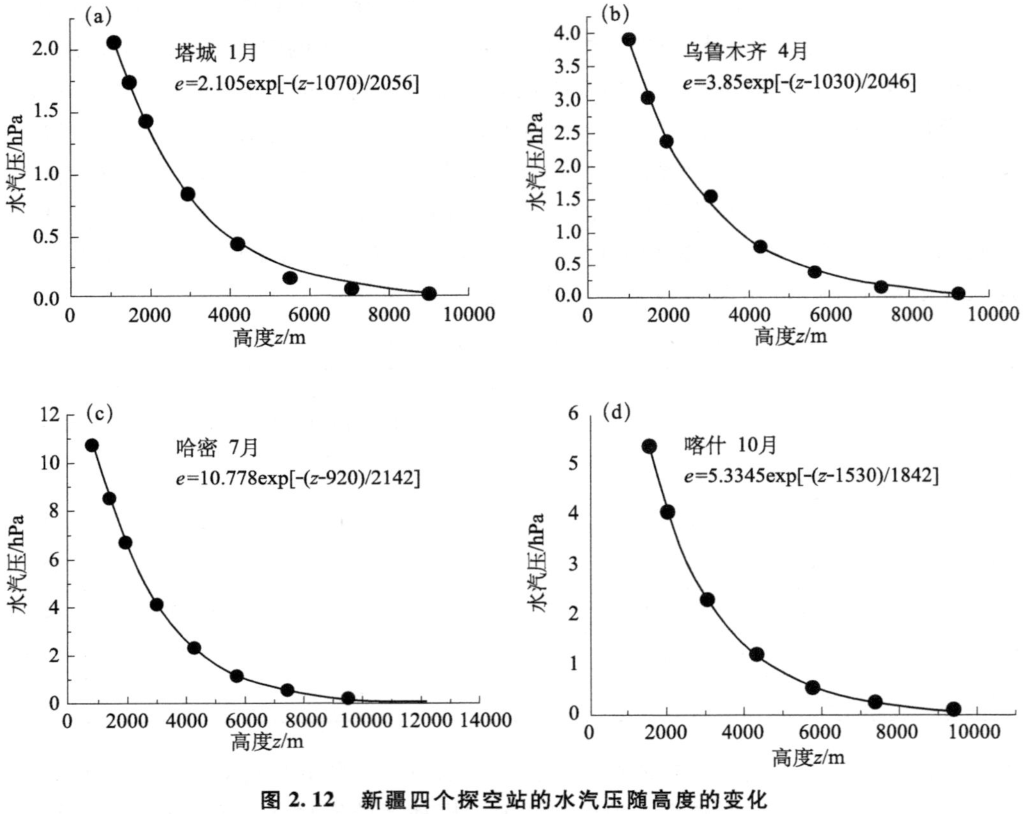

图 2.12 新疆四个探空站的水汽压随高度的变化

水汽压与高度的关系公式与大气压力随高度变化的公式的外形是一致的，但是有关的参数则不同。这不仅体现了地面附近的大气压力、水汽压的区别，也体现了两种压力随高度的减少速度的明显差别。大气压力随高度的递减公式完全是从静力学公式和理想气体公式推导出来的。表面上看，水汽压也可以类似地推导出理论公式来。把地面的水汽压代替大气压力，把水汽的分子量代替空气的分子量就可以获得水汽压随高度变化的理论公式。这样获得的水汽压随高度变化的理论公式与实际的经验公式固然都符合负指数公式，可它们随高度的递减速度很大，即实际经验公式的指数部分的分母数值比理论值小了很多。照理，分子量比空气小的水汽，其水汽压随高度递减得应当比空气慢，可实际却比空气快了 6 倍（分母的数值仅是理论值的 1/6）。有一种解释是，空中的水汽不是以单分子状态存在，而是以 6 个分子的聚合体状态存在，这样空中水汽聚合体的分子量就是 10^8，它就与理论公式一致了。

大气中的水汽随高度的变化不仅可以用水汽压与高度的关系来表示，也可以用水汽压随大气压力的变化或者水汽的比湿、密度随高度或者压力的变化来表示。这些空中水特征量也从不同侧面体现了水汽集中在对流层下部的特点。一般的认识是水汽压、比湿、水汽含量随高度的增加大体上按负指数迅速减少。其减少的速度比大气压力的减少速度快得多。例如，把近地面的 1000 hPa 到 200 hPa（近对流层顶）内的总水汽含量看作是 100%。那么随着高度的增加，这个空气柱中的柱水量（指水汽）就逐步减少。到 200 hPa，它就减少为 0。表 2.7 给出了旅顺、汉口、广州三个测站的水汽含量是如何从 1000 hPa 上的 100% 逐步减少的（仅计对流层的含水量到 200 hPa）。从表 2.7 中可以看到，500 hPa 以下集中了几乎 90% 的水汽，850 hPa 以下集中了接近 40% 的水汽。

表 2.7　对流层气柱内（1000 hPa 到 200 hPa）的水汽总含量（%）随大气压力（高度）减少而相对减少的情况（1、7 月）

气压/hPa	旅顺 1 月	汉口 1 月	广州 1 月	旅顺 7 月	汉口 7 月	广州 7 月
1000	100.0	100.0	100.0	100.0	100.0	100.0
900	83.5	83.0	85.0	81.0	84.4	81.9
850	63.4	65.4	66.4	60.4	64.4	61.7
800	51.7	54.6	54.3	48.5	52.1	49.7
700	36.1	39.3	35.9	33.2	35.6	33.5
600	20.7	22.5	18.6	19.0	20.8	19.0
500	10.0	11.0	9.1	9.5	11.1	9.9
400	4.1	4.5	3.8	4.0	4.5	4.1
300	1.5	1.3	1.1	1.2	1.4	1.2
200	0.4	0.2	0.1	0.1	0.1	0.1

前面介绍的水汽压-高度的指数关系来自多次的湿度资料的平均值，即它们是气候学意义的关系。天气学实践说明，在很多晴好天气的情况下，探空曲线上的温度露点差缓慢随高度增加而加大，这大体与此对应。但是在有天气系统活动的情况下，温度露点差的铅直变化就比较复杂。有时还会出现比湿随高度而增加的“逆湿”情况。另外，在比较强的降水生成时，该区域对流层大气的露点几乎与温度相等，即 $T-T_d$ 几乎为零的饱和状态。更重要的是，其温度（也是露点温度）随压力降低的减少情况竟然符合热力学中的湿绝热过程中的温度变化特点。在热力学图表上，这体现为温度曲线与图表上的某特定的湿绝热曲线重合。这不仅说明对流层空气全部处于“湿绝热饱和状态”，也提示我们只要知道大气下界，如 1000 hPa 的温度（即露点），就可以知道当地各个高度的湿度以至水汽含量。或者说可以借助湿绝热过程，根据地面的温度（即露点）直接计算对流层的总的水汽含量，即对流层大气的温度-压力关系符合湿绝热过程的关系使大气的总含水量仅是地面（实际是 1000 hPa）

温度的函数了（表 2.8）。

表 2.8　1000 hPa 温度数值（即露点，℃）与 1000 hPa 到 200 hPa 的水汽含量的关系（气层的温度与露点相同，当地大气处于湿绝热大气状态）

温度/℃	30	29	28	27	26	25	24	23	22	21
水汽/mm	121	111	103	95	87	80	74	67	62	57
温度/℃	20	19	18	17	16	15	14	13	12	11
水汽/mm	52	48	44	40	36	33	30	28	25	23
温度/℃	10	9	8	7	6	5	4	3	2	1
水汽/mm	21	19	18	16	15	13	12	11	10	9
温度/℃	0	-1	-2	-3	-4	-5	-6	-7	-8	-9
水汽/mm	8	7	7	6	6	5	5	4	4	3
温度/℃	-10	-11	-12	-13	—	—	—	—	—	—
水汽/mm	3	3	2	2	—	—	—	—	—	—

本章讲述了空中水的存在形式、观测及其分布概况。今后，为了更好地促进我国社会经济发展，还需要进一步加大对水汽、云、降水物的观测的投入，大力开展野外探测试验，积极发展多种观测手段，获取并积累急需的监测资料，综合多方面的数据，进行细致整理、计算和分析，加深我们对空中水存在的认识，为天气预报、气候预测、航空气象保障、人工影响天气和国民经济各方面建设提供基础数据。

同时，空中水文学作为一门新兴学科，尚未有系统性的研究。对于空中水的存在，国内外的观测研究都还只是刚刚起步，所以我们目前对于空中水，无论是其状态还是机理，都所知甚少。本章的内容都是基于目前已有的有限方法和有限资料得出的。正因为这门学科的新兴和不成熟，其中应该做的和能够做的还有很多。随着人类的进步、国际重大项目的开展、我们国家实力的增强，以及我们每一个人的努力，空中水的存在就会逐渐被深入了解和掌握，进而得到更好的开发利用。

练习题

1. 分别为重庆市、广安市、厦门市设计一个水汽总量的监测设备选购和布局方案，设备预算分别为 300 万元、50 万元、980 万元。

2. 假定已选定在四川盆地南部某县进行云和降水物观测试验，观测时间预计 3 个月，观测人员 2～6 人，教育程度为气象专业硕士、身体健康、具有两年以上工作经验，结合自己现阶段的业务，自选一个重点观测方向，草拟一份需提交专家审议的观测技术方案（方案不包括经费预算）。

第 3 章　空中水的运动

本章介绍了空中水的水平运动和垂直运动，以及运动中涉及的相关物理量，对大气中水汽的析出和补入的原因，如凝结、降水、蒸发等过程进行了简要概述，对不同上升运动形式下水汽凝结形成的云的类型进行了探讨，结合水汽相对运动速度和相对运动方程得到了大气中水汽的相对运动方程，并对方程中的比湿差项、压强差项、外力差项（侧重水平方向）和温度差项的作用进行了分析，并且介绍了我国上空全年及四季整层水汽平均输送特点以及盆地特殊地形对水汽活动的影响。

大气中包含多种物质成分，天气现象的产生主要是由于空中水的运动和相态转化造成的。因此，了解空中水的运动特征及其状态变化特征是重要的科学问题。空中水的运动包括空中水随空气的运动和空中水与空气的相对运动两个方面。

3.1　空中水随空气的运动

水分若随空气运动，包括水平输送和垂直输送，也包括垂直扩散的方式，大规模的水平输送是主要的运动方式。

3.1.1　水汽通量

水分随空气运动，将来自源地的水汽通过大规模的水平气流输送到特定的降水区，其输送量的大小可以用水汽通量表示。用 V 来表示水平风速，q 为比湿，在垂直于水平风向的平面内取一单位面积，则在单位时间内，通过此单位面积输送的水汽量可表示为 ρqV，即为水汽水平通量。其在 x 方向的分量为 ρqu，y 方向的分量为 ρqv。在 x 和 y 方向上各取一单位长度，则整层大气柱的水汽通量可表示为：

$$\int_0^{\infty} \rho qV \mathrm{d}z$$

或

$$\frac{1}{g}\int_0^{p_0} qV \mathrm{d}p$$

考虑目前气象观测体系中的气象要素的观测结果，为了计算上的方便，常采用后一种计算形式。因此，对于底边为单位长度、高为单位百帕（hPa）的水汽通量可表示为$\frac{qV}{g}$。观测事实表明，大气低层水汽较之高层更为充沛，因而相应的低层的水汽输送量也更大。

3.1.2 空中水的水平输送

水汽的来源主要是海洋表面的蒸发，当然陆地表面尤其是河流、湖泊等水面和植被等也会产生蒸腾。蒸发的水汽通过大规模的水平气流被输送到降水区，通过上升冷却凝结致雨，这是降水产生最重要的水汽输送方式。水汽输送可以通过水汽方程来讨论。水汽方程是表示水汽输送和变化的基本方程。

如图 3.1 所示，设 OABCDEFG 是空间一固定的矩形六面体，其体积为 $\delta x\delta y\delta z$。在这个体积内的湿空气质量为 $\rho\delta x\delta y\delta z$（$\rho$ 为湿空气的密度），设 q 为湿空气的比湿，则在该体积中所含水汽质量应为 $\rho q\delta x\delta y\delta z$。在单位时间内，该体积所含水汽的变化量即为：

$$\frac{\partial}{\partial t}(\rho q\delta x\delta y\delta z)$$

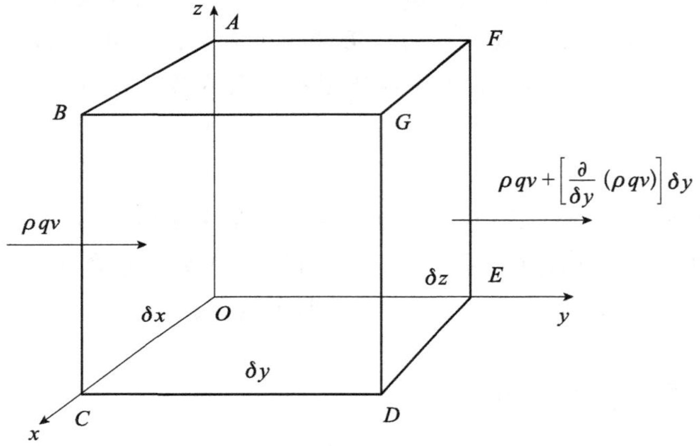

图 3.1 水汽流入流出的净流入量讨论的示意图

则水汽变化量增加时为正值，减少时为负值。如图 3.1 所示，从水平方向向该体积内流进的水汽净流入量为该六面体周围四个面的水汽通量之和。y 方向，设 v 为风速在 y 方向的分量，则在单位时间内流经 xz 平面上一单位面积的空气的体积为 v，于是 ρqv 就是单位时间内通过 xz 平面上单位面积的水汽量，称为水汽通量。那么在单位时间内经 $OABC$ 面积向六面体输送的水汽量为 $\rho qv\delta x\delta z$。上述水汽量沿 y 方向水汽输送的变化率为：

$$\frac{\partial}{\partial y}(\rho qv)\delta x\delta z$$

经 δy 距离后水汽输送的变化：

$$\frac{\partial}{\partial y}(\rho qv)\delta x\delta y\delta z$$

因此，单位时间内水汽经面积 $DEFG$ 的输送量可写成：

$$\rho qv\delta x\delta z+\frac{\partial}{\partial y}(\rho qv)\delta x\delta y\delta z$$

在 y 方向上流出流进的差额，即水汽净流入量为：

$$\rho qv\delta x\delta z-\left[\rho qv\delta x\delta z+\frac{\partial}{\partial y}(\rho qv)\delta x\delta y\delta z\right]=-\frac{\partial}{\partial y}(\rho qv)\delta x\delta y\delta z \tag{3.1}$$

同理可得在 x 方向水汽的净流入量为：

$$-\frac{\partial}{\partial x}(\rho qu)\delta x\delta y\delta z$$

因此，在水平方向水汽的净流入量为：

$$-\left[\frac{\partial}{\partial x}(\rho qu)+\frac{\partial}{\partial y}(\rho qv)\right]\delta x\delta y\delta z$$

括号内称为水汽通量的水平散度，简称为水汽通量散度。

3.1.3　空中水的垂直输送

垂直方向上水汽的净流入量为：

$$-\frac{\partial}{\partial z}(\rho qw)\delta x\delta y\delta z$$

空中水的垂直输送与比湿和垂直运动速度有关。通常，比湿分布随高度是减小的，当有上升运动时，水汽将往上输送，上层空气的比湿将随时间增大；有下沉运动时，上层空气的湿度将随时间减小。系统性垂直运动的速度虽然很小，但其持续时间较长，因此仍能使比湿在垂直方向上发生明显的变化。

蒸发、凝结及湍流扩散也会引起垂直方向上的水汽变化，当水汽凝结时空气中水汽减少，当水分蒸发时空气中水汽增加，湍流通常出现在摩擦层内，在垂直方向使水汽上传。地面蒸发的水分进入空中就变成了空中水（以水汽为主），它们会向上延伸到不同的高度再以雨、雪等形式返回地面，这提示空中水的铅直输送量的最大值应当是出现在地面附近。

3.1.4　空中水的垂直扩散

设单位时间内，在单位质量空气中由湍流扩散而引起的水汽输送量为 d，则在 $\delta x\delta y\delta z$ 这一小体积中，单位时间内湍流扩散所引起的水汽输送量为 $\rho d\delta x\delta y\delta z$。近似地讲，$d=K_q\frac{\partial^2 q}{\partial z^2}$，这里 K_q 是水汽的湍流扩散系数。

最后可以建立下面的等式：

$$\frac{\partial}{\partial t}(\rho q\delta x\delta y\delta z)\delta x\delta y\delta z=-\frac{\partial}{\partial x}(\rho qu)\delta x\delta y\delta z-\frac{\partial}{\partial y}(\rho qv)\delta x\delta y\delta z-\frac{\partial}{\partial z}(\rho qw)\delta x\delta y\delta z-\rho c\delta x\delta y\delta z+\rho K_q\frac{\partial^2 q}{\partial z^2}\delta x\delta y\delta z \tag{3.2}$$

上式两边除以 $\delta x\delta y\delta z$ 后，便得水汽方程：

$$\frac{\partial}{\partial t}(\rho q)=-\frac{\partial}{\partial x}(\rho qu)-\frac{\partial}{\partial y}(\rho qv)-\frac{\partial}{\partial z}(\rho qw)-\rho c+\rho K_q\frac{\partial^2 q}{\partial z^2} \tag{3.3}$$

以连续方程 $\frac{\mathrm{d}\rho}{\mathrm{d}t}+\rho\mathrm{div}V=0$ 代入，则得：

$$\frac{\mathrm{d}q}{\mathrm{d}t}=-c+K_q\frac{\partial^2 q}{\partial z^2} \tag{3.4}$$

这是水汽方程的另一形式。此式说明，一个运动的单位质量湿空气块，其比湿的变化等于凝结率及湍流扩散率之和。如果没有凝结或蒸发，且湍流扩散也很小，可以略去不计，就得：

$$\frac{dq}{dt} = 0 \tag{3.5}$$

表示空气质块的比湿保持不变。

3.1.5 空中水的辐合辐散

当水汽由其源地输送到某地区时，须满足水汽在该地区的水平辐合条件，水汽才能够上升、冷却、凝结成雨。水汽水平辐合就是水平输送进入该地区的水汽，大于水平输送出该地区的水汽，反之即为水汽的水平辐散。

在单位体积内，水汽水平辐合的大小可用水平水汽通量散度来表示，其表达式为：

$$\partial(\rho qu)/\partial x + \partial(\rho qv)/\partial y$$

设在单位面积的整层大气柱中水汽的水平辐合量为 $-D$，那么此量的表达式为：

$$-D = -\int_0^\infty \nabla(\rho qv)\,dz \tag{3.6}$$

在 P 坐标中可写为：

$$-D = -\frac{1}{g}\int_0^{p_0} \nabla(qV)\,dp \tag{3.7}$$

式中，$\nabla(qV)dg$ 表示厚度为单位百帕、水平为单位面积的体积内水平水汽通量散度。

上式又可以表示为：

$$-D = \int_0^\infty \rho c\,dz + \int_0^\infty \frac{\partial(\rho q)}{\partial t}dz \int_0^\infty \frac{\partial(\rho qw)}{\partial z}dz - \int_0^\infty \rho K_q \frac{\partial^2 q}{\partial z^2}dz \tag{3.8}$$

若不考虑地形和地面摩擦的影响，且认为地面和大气层顶的垂直速度为0，则上式右端第三、四项为0。又考虑降水地区的水汽局地变化量比降水量要小得多，故上式右端第二项也可略去。于是有：

$$-D = \int_0^\infty \rho c\,dz = I$$

或

$$-D = I \tag{3.9}$$

这里的 I 表示降水率。可见，整层水汽水平辐合的大小，近似地等于降水率。这个式子在计算某一指定区域的降水量时被经常应用。

因为：

$$\frac{1}{g}\nabla(qV) = \frac{V}{g\nabla q} + \frac{q}{g\nabla V} \tag{3.10}$$

可见水汽通量散度是由两部分组成：一部分为水汽平流，其意义与温度平流相似，当风由比湿高的地区吹向比湿低的地区时，此项小于0，称为湿平流，对水汽通量辐合有正的贡献；反之，当风由比湿低的地区吹向比湿高的地区时，此项大于0，称为干平流，对水汽通量辐合有负的贡献。另一部分为风的散度。实际计算中表明，在降水区中，水汽通量辐合主要由风的辐合所造成，尤其是在低层的空气里水平辐合最为重要。

3.2 大气中水汽的析出和补入

大气中的水汽一方面通过运动传输到降水区，另一方面又在一定条件下发生气态、液态和固态的相态变化，凝结为雨滴下降或蒸发上升，产生大气中水汽的析出和补入效应。

3.2.1　凝结

水汽由气态变为液态的过程称为凝结，大气中水汽凝结的一般条件：一是有凝结核的存在，二是大气中水汽要达到饱和或过饱和的状态。通常水汽由未饱和达到饱和有两条途径：一是增加空气中的水汽，二是降温。这个过程涉及重要的大气热力学过程，如绝热上升冷却凝结、等压冷却凝结、绝热混合凝结等。

未饱和湿空气块被外力强迫抬升时，因为速度较快，可以认为是绝热的。气块上升时的干绝热减温率远大于露点递减率，气块的温度和露点逐渐接近时，在某一高度达到饱和并发生凝结，这个高度称为抬升凝结高度。

设单位时间内，在单位质量空气中的凝结量是 c，则在 $\delta x\delta y\delta z$ 这一小体积中，单位时间内的凝结量就是：

$$\rho c\delta x\delta y\delta z$$

此值凝结时为正，蒸发时为负。

3.2.2　降水

水汽凝结为水颗粒，当其重量大于空气的浮力后，水颗粒往往要降落到地面。地面从大气中获得的水汽凝结物，总称为降水，它包括两部分：一是大气中水汽直接在地面或地物表面及低空的凝结物，如霜、露、雾和雾凇，又称为水平降水；二是由空中降落到地面上的水汽凝结物，如雨、雪、霰、雹和雨凇等，又称为垂直降水。但是单纯的霜、露、雾和雾凇等，通常不作为降水量处理。

云滴和雨滴形成过程是水汽相态变化的过程。水汽在上升过程中，因周围气压逐渐降低，体积膨胀，温度降低而逐渐变为细小的水滴或冰晶飘浮在空中形成云。当云滴增大到能克服空气的阻力和上升气流的顶托，且在降落时不被蒸发掉才能形成降水。水汽分子在云滴表面上的凝聚，大小云滴在不断运动中的合并，使云滴不断凝结（或凝华）而增大。云滴增大为雨滴、雪花或其他降水物，最后降至地面。目前，人工降雨成为水资源利用和防灾减灾的重要手段，人工降雨就是根据降水形成的原理，人为地向云中播撒催化剂促使云滴迅速凝结、合并增大，最终形成降水的。

降水是大气中水的相变（水汽凝结成雨、雪等）过程。从降水的形成机制来看，某一地区降水的形成大致有三个过程：一是水汽由源地水平输送到降水地区，这就是水汽条件；二是水汽在降水地区辐合上升，在上升中绝热膨胀冷却凝结成云，这就是垂直运动的条件；三是云滴增长变为雨滴而下降，这就是云滴增长的条件。通常，这三个降水条件中，前两个是属于降水的宏观过程，主要取决于天气学条件；第三个条件是属于降水的微观过程，主要取决于云物理条件。

3.2.3　蒸发

全球大气中的水分是平衡的，当水汽通过凝结析出并降落后，空气中的水汽补充的途径就显得重要了。由于大气中的水分经常处于未饱和的状态，因此无论是海洋还是陆地都缓慢进行着水分从下垫面“蒸发”而进入大气的物理过程，这个过程就是空气中水分补充的主要途径。自然界中蒸发现象颇为复杂，影响蒸发速度的主要因子有水源、热源、饱和差、风速与湍流扩散强度。

（1）水源

没有水源就不可能有蒸发，因此开阔水域、雪面、冰面或潮湿土壤、植物是产生蒸发的基本条件。在沙漠中，蒸发潜力很大，但实际蒸发量非常少，因为几乎无水可供蒸发。

（2）热源

蒸发必须消耗热量，在蒸发过程中如果没有热量供给，蒸发面就会逐步冷却，从而使蒸发面上的水汽压减低，于是蒸发减缓或逐渐停止。因此蒸发速度在很大程度上取决于热量的供给。

（3）饱和差

在其他因素相同的情况下，蒸发速度与饱和差成正比。严格说，此处的饱和水汽压应由蒸发面的温度算出，但通常以一定的气温下的饱和水汽压代替。

（4）风速与湍流扩散

无风时，蒸发面上的水汽单靠分子扩散，水汽压减小得慢，饱和差小，因而蒸发缓慢。有风时，湍流加强，蒸发面上的水汽随风和湍流迅速散布到广大的空间，蒸发面上水汽压减小增快，饱和差增大，蒸发加快。

除水源、热源、饱和差和风速与湍流扩散等基本因子外，陆地上的蒸发还应考虑到土壤的结构、湿度、植被的特征等；海洋上的蒸发还应考虑海水中的盐分。在影响蒸发的因子中，蒸发面的温度（热量）通常是影响蒸发能力的决定作用的因子。由于蒸发面（陆面及水面）的温度有年、日变化，所以蒸发量也有年、日变化。全球的平均情况是每年大约从下垫面（海洋、陆地、冰原）蒸发的水层的深度为 1 m。

3.3 运动中的云

当水汽上升凝结形成云滴时，由于控制云生成的上升运动类型不同，如大范围辐合抬升、不稳定层结下的对流运动、地形抬升、波动和湍流运动等，可形成不同类型的云。

（1）锋面云

低压、冷涡、切变活动都可以发生辐合抬升，在适合的水汽条件下都可以产生大范围的层状云系。在暖锋面，暖空气在冷空气上缓慢滑行，自上而下可以生成卷云、卷层云、高层云、雨层云等，多产生雨强不大的持续性降水。冷锋云系有两种类型，取决于冷锋坡度、运行快慢和大气稳定度的不同。第一种类型冷锋推进速度较慢，坡度小，暖空气沿锋面被动上滑，形成与暖锋近似的层状云系，但先后次序相反；第二种类型冷锋移动快、坡度大，锋前强迫抬升激烈，当暖空气处于不稳定状态时，可发展出积雨云，在冬季低层水汽供应不足时，多出现高云。

（2）对流云

在合适的天气条件下，如局地有深厚的不稳定层结，或由地面加热而形成的低层不稳定，若有启动机制造成空气抬升，可以发展成对流云。在气团内部，高层有下沉气流，对流受到抑制，常只能产生晴天积云。若有一薄层大气，通过均匀加热而使温度层结达到不稳定时，可以发生所谓的细胞状对流。在有充足水汽的条件下，大范围内纵横排列整齐的上升和下沉运动还可以产生大片网格状的云。这种现象包括夏季洋面上的大片晴天积云（云街）或层状云。

（3） 地形云

暖湿气流被山地抬升，能生成地形云。倘若大气本身处于不稳定状态，则可触发生成对流云，因而山地常常是对流云的源地；若高空有下沉气流，则可在山顶上空出现荚状云。

气流过山以后会发生波状运动，这种波状运动可以影响到高空。如果有的层次有较多的水汽，则在波峰处发生凝结，波谷出现蒸发，在山的背风面上空出现位置固定、平行于山脉走向的几条云带。

在高空稳定层下方常有风速切变。当切变超过一定的临界值以后，界面处于不稳定状态，稍有扰动即能在界面上出现波动，称为亥姆霍兹波。在水汽条件合适的情况下，可以在上升部分形成云，如卷积云、高积云等。

3.4 大气中水汽与空气的相对运动

3.4.1 水汽与空气的相对运动

问题研究中的模型简化是重要的科学思维方式。如气象学家为了方便数学公式推导，往往把自由大气中的比湿作为保守量处理，即只要空气中没有发生凝结现象，空气微团的比湿值是不变化的。在这种简化假设下，我们原本知道的水汽与空气的相对运动就被默认为水汽随空气运动的思维模式了。

从相对运动角度看，降水就是空中水脱离空气而进入下垫面的过程，这个过程本身就是空中水对空气的相对运动。同样，蒸发是下垫面的水分以水汽的形式进入大气的过程，它也是水汽相对于空气的运动。地球平均每年有 1000 mm 深的降水（蒸发），也就是在垂直方向每年有 1000 mm 的水分穿过低层大气，当然海洋和陆地的降水与蒸发是有差异的，这与水分相对于空气的运动有关。

物理学的阿基米德原理告诉我们，对于降水过程中空中水有相对于空气的运动是由于雨滴，雪花的密度远大于空气，重的东西要下沉，所以雨滴、雪花脱离空气而降落。

蒸发的水汽进入大气的过程，可以理解为近地面的比湿值上下层并不相等。它在下层大而上层小。于是借助扩散效应（此时比湿已经不具有保守性）使地面的水汽进入大气低层（一般认为这个扩散现象出现在近地面 1.5 ~2 km 摩擦层内）。再向上就是没有摩擦效应的自由大气了，那里的水汽的扩散效应被气象学家认为是可以忽略的。在自由大气里水分（变成雨滴、雪花前）的运动被认为完全由空气运动带动的。所以那里没有水汽相对于空气的运动。

雨滴和雪花因为密度大于空气产生相对于空气的降落运动，地面蒸发的水汽因为扩散作用而扩散到近地面 1.5 ~2 km 的低层大气内。这些都是水分相对于空气的运动。

3.4.2 水汽的相对运动方程

（1） 水汽相对运动速度

水汽的相对运动往往是指水汽与空气的运动速度（矢量）的差。空气是干空气和水汽组成的混合气体。而水汽的相对运动（$\boldsymbol{V}$）是指某空气块的速度（风速）$\boldsymbol{v}_a$ 与其中的水汽的速度 $\boldsymbol{v}_v$ 的矢量差，即

$$\boldsymbol{V}=\boldsymbol{v}_v-\boldsymbol{v}_a \tag{3.11}$$

由于水汽混合于空气中，显然现在的气象仪器无法测出 $\boldsymbol{V}$ 的值。因而目前对此相对速度仅能做理论分析，并间接验证它的存在与大小。显然，如果 $\boldsymbol{V}=0$，就表明空气与水汽的运动速度没有差别。只要这个量不等于零，就表示它们之间存在相对运动。

（2）相对运动方程

根据分子运动论，气体分子一直以很高的速率运动着、碰撞着。这种分子热运动在均匀温度条件下分子运动速度的平均值为零，即没有宏观的运动。但是如果在温度、浓度、压强……不均匀的条件下，气体就有宏观尺度的运动以消除上述不均匀。

如果两种气体混在一起，又都处于温度、浓度、压强不均匀的状态下，那么不仅两种气体都有宏观尺度的运动，而且由于分子量、分子个性的不同，它们产生的宏观运动也就有差别。正是这种差别导致了处于非均匀条件下的空气中出现了水汽相对于干空气的宏观尺度的运动。

对这种问题的研究属于统计物理学的范围，从 Boltzmann 方程和分子碰撞研究出发可以导出两种气体在浓度、压强、外力、温度不均匀的条件下的相对运动速度的方程：

$$v=-(x_1x_2)^{-1}D_{12}\left\{\nabla x_1+\frac{n_1n_2(m_2-m_1)}{n\rho}\nabla\ln p-\frac{\rho_1\rho_2}{p\rho}(F_1-F_2)+k\right\} \tag{3.12}$$

式中：p、ρ 分别代表湿空气（含干空气和水汽）的气压和密度，这与气象上的常规符号是一致的；下标 1 代表水汽，下标 2 代表干空气；D_{12} 为扩散系数；k 为热扩散比；F_1、F_2 分别为作用于单位质量水汽、干空气上的外力；ρ_1、ρ_2 分别为水汽、干空气的密度；n、n_1、n_2 分别为单位体积内分子总个数、水分子个数、干空气分子个数；m_1、m_2 分别为 1 个水分子和空气分子的质量。

这就是水汽相对运动方程的来源。

（3）水汽相对运动方程

设水汽压为 e，由于空气中气压 p 远大于水汽压，即 $p\gg e$ 和 $\rho_1\gg\rho_2$，结合式（3.12）结构我们可以在较高精度（两位有效数字以上）下设 $\rho\approx\rho_2$，$p\approx$ 干空气压，$n\approx n_2$。

利用以上近似，可使式（3.12）中的 $(\rho_1\rho_2/\rho)\approx\rho_1$，使 $(n_1n_2/n)\approx n_1$。另外，x_1 为水汽压与气压 p 的比，而 x_2 为干空气压与 p 的比值。依上述近似，就有 $x_1x_2=(e/p)$。

设一个原子的氢的质量为 m_0，从水的分子量为 18、空气分子量为 29 可知 $m_2-m_1=29m_0-18m_0=11m_0$。注意到 n_1m_1 含义是单位体积内水分子的质量，即水汽密度，故

$$\frac{n_1n_2(m_2-m_1)}{n\rho}=\frac{11n_118m_0}{18\rho}=\frac{11\rho_1}{18\rho}=0.611\left(\frac{\rho_1}{\rho}\right) \tag{3.13}$$

上式简化为 $0.611q$。另外，气体状态方程 $p=\rho RT$，故

$$\frac{\rho_1\rho_2}{p\rho}\approx\frac{\rho_1}{p}=\frac{\rho_1}{\rho RT}$$

R 是空气的气体常数。再者，由于气象上已知 $q=0.622(e/p)$，故 $x_1=q/0.622=1.61q$。

另外，在统计物理中热扩散比 k 的值是与气体浓度密切相关的，对此可以写成如下关系

$$k=x_1x_2\alpha \tag{3.14}$$

式中，α 称为热扩散因子，它是变化不大的量（作常数看待）。依照以上讨论，就有

$k = 1.61q\alpha$。

把这些讨论的结果代入前面列入▽的方程式（3.12），并注意到 $\nabla \ln q = (\nabla q)/q$ 可得

$$v = -D_{12}\{\nabla \ln q + 0.38\nabla \ln p - [0.622(F_1 - F_2)/RT] + \alpha \nabla \ln T\} \quad (3.15)$$

式中：v 是水汽与运动着的空气的相对运动速度；$\nabla \ln q$，$\nabla \ln p$，$\nabla \ln T$ 分别是比湿、气压、绝对温度的对数值的二维空间的梯度；F_1，F_2 分别为作用于单位质量的水汽和干空气的外力；D_{12}，α 是常数。这就是我们初步求得的大气中水汽的相对运动方程。

从式（3.15）可见，水汽对干空气的相对运动是由 4 个因素引起的，它们是比湿、气压、温度在空间分布上的不均匀和水汽与干空气受到的外力不等。

显然这个式子包括的物理过程就比气象学上已知的比湿不均匀引起的扩散丰富多了。气象学应当重视，应当欢迎统计物理的成就并尽力地引用到气象学中来。我们应对水汽相对运动方程做进一步研究。

3.4.3　水平方向的单项分析

式（3.15）表明水汽对干空气的相对运动是一个矢量方程。其左侧是水汽运动矢量，右侧是 4 个矢量的和。本节先对比湿项、压强项、温度项和外力差项（侧重水平方向）的作用进行分析。

（1）比湿差项

式（3.15）右侧括弧内的第一项为 $-\nabla \ln q$，它是比湿的对数值在二维空间中的梯度。在 x，y，z 坐标系中，其 3 个分量显然为 $-\partial \ln q/\partial x$，$-\partial \ln q/\partial y$，$-\partial \ln q/\partial_2$。不难看出，这一项的作用是表明了水汽向比湿小的地方运动，而且其速度正比于单位距离内比湿对数值的差。应当说这一项与气象学中早已承认的水汽在底层的扩散效应是一致的（自由大气中就不承认这一项的贡献），所以这个新公式包括了原公式。

（2）压强差项

式（3.15）右侧括弧内的第二项是 $-0.38\nabla \ln p$。它与压强的空间分布不均匀有关。这一项表明还存在着一种物理机制，即水汽有一个向气压低的地方运动的分量。它是过去气象学中从未述及的物理过程。

如果把上述原理用于水平方向，会得出什么结果呢？显然，我们立刻想到这个物理过程的天气学含义是气态的水会向低压区（如气旋中心区、台风区）汇集。而天气实践早已揭示，降水现象大多发生在气压相对比较低的地区。所有气象预报人员都熟知的这一个事实，竟然是这样一个物理过程，确实是人们始料不及却又期待已久的。

对于同一个水平面来说我们可粗略地认为，水汽运动的速度与气压梯度成正比（去掉“对数”），这表明此现象在气压梯度大的地方显著。天气实践表明，低压区、气旋区、台风区的气压梯度大，故而这里降水多（气态水向这里流）；而高压区的气压梯度都较小，那里难得见到云和降水。

图 3.2 表明，台风眼中无云，无降水，这是天气学中的一个十分有趣的现象。从水汽相对运动方程看，台风眼地区气压的梯度为零。$\nabla \ln p = 0$，所以它根本不会导致水汽向台风眼运动。而台风眼周围非常密集的、近于圆形的等压线恰好造成大量水汽快速从台风以外向圆形等压线密集的环形区集中。这个水汽运动过程与台风区的云与降水的分布是十分一致的。图 3.2 就显示了 $\nabla \ln p$ 对台风区附近的水汽运动的影响。水汽穿过等压线（虚线）向低压侧

移动，并在 P_0 线附近堆积，但台风眼内没有气压差，反而没有水汽的堆积。

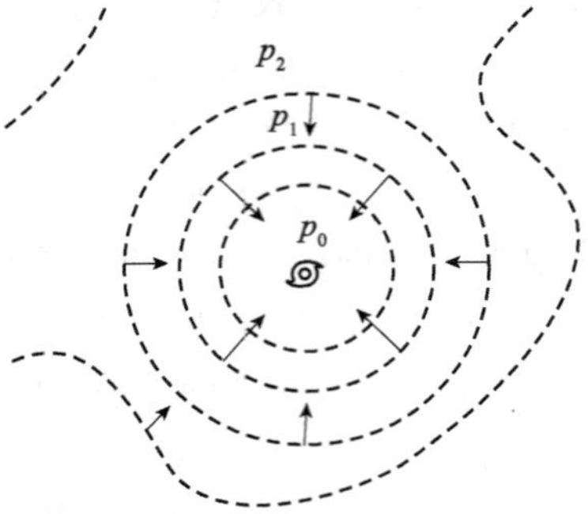

图 3.2　台风区气压分布造成的水分相对运动

（→是水汽的相对运动方向）

（3）外力差项

式（3.15）中右侧括号内的第三项即为外力差项，在自由大气中，气象学承认的力主要有重力、气压梯度力和科氏力。我们目前仅研究水平方向的问题，因而重力应排除在外。所以水汽相对运动方程的水平分量仅余下气压梯度和科氏力两项。其中压强差项已在前面讨论过。因此，式（3.15）中的外力差，也仅是水汽与空气的科氏力的差的问题了。

由于空气的运动速度 v_a 很大（10 m/s 量级），而且水汽主要与空气一起运动，因而 v_a 的绝对值与空气运动速度的绝对值相差不大，而科氏力又与速度成正比。所以水汽与空气的科氏力的差是几乎相等的值的差。目前不妨认为这一项可以忽略不计。

如果水汽分子是带电的，而带电的水汽分子在地球电场中就会受到附加的力，而这个力是空气分子感受不到的。这就可以形成水汽相对空气的运动。大家早已熟悉，雷电之后接着是降水的加大，也许应当从这个线索思索下去。我们现在对此无力做进一步定量分析。不过，式（3.15）已经为讨论带电的水汽在电场中的附加运动提供了基本的定量思路。

总之，在水平方向上，式（3.15）不仅体现了比湿梯度差别引起的水汽相对于空气的运动（它在过去的气象学中的近地面层是承认的），还告诉我们水平面的大气压差、温度差都可以引起水汽对空气的相对运动，而且水汽如果带电，也会引起相对于空气的运动。而我们对此的初步定性分析与大量的天气学实践经验是十分一致的。

（4）温度差项

式（3.15）中的温度项为 $-\alpha\nabla\ln T$。它说明温度在空间的不均匀也会导致水汽的相对运动。这又是一个目前气象学中没有论及的物理机制。在统计物理中常把它称为热扩散效应（thermo diffusion），即温度差导致物质流。它是 1916 年已由实验证实的自然现象，在非平衡态热力学中也把它看成一种交叉效应（温度差导致电的流动也是交叉效应，它就是早已熟知的热电偶）。

研究表明，α 为负值，这表示水汽是向热的方向运动的。其速率则与温度对数的梯度与 α 的乘积成正比，而 α 的值约为 -20。如果 α 的这个初步估算值是正确的，那就意味着 $\nabla\ln T$ 的系数（效应）为 $\nabla\ln q$ 的系数的 20 倍，为 $\nabla\ln p$ 的 50 倍。从天气图的分析中可以知道，在水平方向上，$\nabla\ln q$、$\nabla\ln p$ 和 $\nabla\ln T$ 的数量级基本上是一样的。由此得出结论：由温度不均匀而产生的水汽运动效应是最为显著的。

预报员都知道，在天气图上温度梯度大的锋区附近云和雨比较多。从水汽相对运动方程看，温度不均匀引起的热扩散效应恰好可以从宏观上说明这个客观现象。因为锋区的南侧（高温侧，北半球）温度高，但温度梯度很小。这必然导致冷侧的水汽向锋区的暖侧堆积，使这里的比湿加大从而产生云雨。

另外，我们知道台风在低层还是个暖空气堆。台风眼处则气温最高。根据以上分析，这种温度分布利于台风外的水汽向台风区汇集，但它们在快到台风眼时，也由于那里的 $\nabla \ln T$ 的绝对值近于零，故而不再汇集。很显然，台风区的温度场十分有利于台风区多云雨，而台风眼则无云雨。

图 3.3 可见，水汽穿过等温线向暖侧移动，并在 T_4 线附近堆积。由此看来，天气图上温度场的分布所引起的水汽运动也是与天气图上云、雨分布的实况十分吻合的。

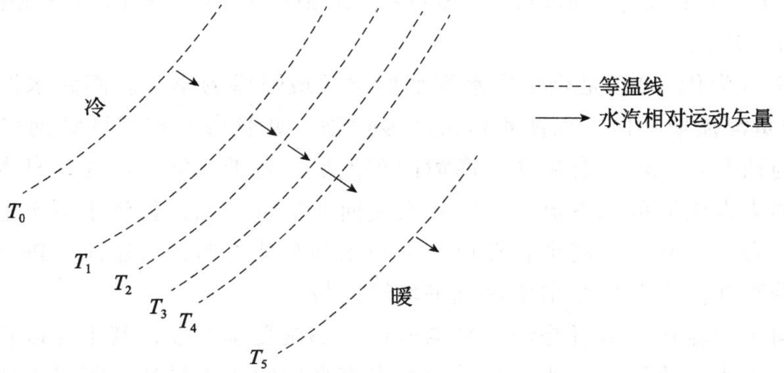

图 3.3　温度分布造成的水分相对运动

可见，天气学事实与水汽相对运动方程中含有的温度、气压效应是相符的。

3.5　我国四季的水汽流动特征与水汽含量

随着冬夏季风的进退，我国上空的水汽含量存在明显的季节变化：由冬到夏，水汽含量增加；由夏到冬，水汽含量减少。不仅如此，随着季节的转换，水汽含量在地理分布上也表现出明显的差异。

水汽平均输送（或称平流输送）是由大气平均环流引起的水汽输送。许多研究成果表明，无论就水汽总输送矢量场或是总输送通量大小而言，水汽平均输送都是水汽总输送的基本组成部分，尤其对 700 hPa 以上气层的水汽总输送更是如此。本节将着重讨论全年和各季整层水汽平均输送分布的基本规律和特点。

根据陆渝蓉等（1983）、刘国纬等（1985）的研究结论可以知道，全年整层水汽平均输送场的形势与全年整层水汽总输送场的形势基本相似，也是由西北、西南和东南三支水汽流组成，但水汽平均输送通量值一般小于总输送，其输送方向更接近纬向分布。

冬季（以 1 月为代表），西北水汽流覆盖了长江以北广大地区，长江以南为西南水汽流所控制。两支水汽流在长江中下流汇合后向东输出。冬季是全年水汽平均输送通量最小的季节，长江以北输送通量为 100 ~ 500 g/(cm · s)，长江以南为 500 ~ 1000 g/(cm · s)，华南沿海为 1000 ~ 1400 g/(cm · s)。以上数值为 1983 年 1 月整层水汽平均输送情况。若与 1 月整层水汽总输送相比，平均输送通量只不过为总输送通量的67%左右。例如，在1月水汽总输送图上（图略），600 g/(cm·s)的等值线西自达卡，经云贵高原、四川，再沿长江向东延伸直达日本，而在1月水汽平均输送图上（图略），却只有通量为400 g/(cm·s)的等值线与之相对应。无论是水汽总输送通量，或者是水汽平均输送通量，都是冬季最小，夏季最大。其原因是，冬季我国大陆为极地变性干冷气团控制，虽盛行强西北风，但比湿极小；夏季我国大陆为热带海洋变性暖湿气团所笼罩。与冬季相比，东风和南风的输送大大加强，水汽输送量较冬季大得多，比湿增加。

春季（以4月为代表），西北水汽流北撤到30°N的江淮地区，西南水汽流增强并向北推进3～5个纬距，南北两支水汽流汇合带也北移至江淮之间，而后向东输出；全国水汽输送通量明显增大：黄河以北地区增大至500 g/(cm·s)左右；江淮之间和长江流域增大至1000～2000 g/(cm·s)；华南沿海增大至2000～3000 g/(cm·s)；东南沿海地区经向输送，与冬季相比，也有所增强。

夏季（以7月为代表），是全年中水汽平均输送最强盛的季节。西北水汽流已继续北撤到35°N以北的黄河流域地区，西南水汽流明显增强，并且向北扩展到黄河中游和华北南部地区，在那里与西北水汽流汇合后从渤海湾向东流出，直抵朝鲜半岛并达日本北部。华南沿海出现了强盛的来自南海的水汽流。这支水汽流向北运行，到达长江中下游地区与来自孟加拉湾的水汽流汇合后，从杭州湾至长江口一带向东和东北方向进入东海，进一步可达日本南部地区，即夏季存在南、北两个主要水汽平均输出带。

无论是纬向平均输送，或者是经向平均输送，都是夏季最强，其中尤以长江以南地区的西南水汽流和东南水汽流发展最盛。夏季全国水汽平均输送通量达全年最大值：黄河以北地区已增大到700～1000 g/(cm·s)，长江中下游地区出现水汽输送通量高值中心，通量值达4000 g/(cm·s)以上。盛夏季节，西北地区水汽平均输送通量亦达500～800 g/(cm·s)，新疆北部地区可达1000 g/(cm·s)。

秋季（以10月为代表），西北水汽流急剧增强，并南下至黄淮和江淮之间，西南水汽流开始南撤和减弱，南北两支水汽流在江淮之间汇合后向东输出。自南向北的经向输送已趋减弱，而自北向南的经向输送逐渐增强。在此期间的水汽输送通量已较夏季明显减小。夏季位于长江中下游的水汽输送通量中心，到10月已趋消失。由于太平洋副高脊线的位置较同月常年平均位置偏北，因此，沿副高南缘出现了较强的偏东水汽输送。整层水汽平均输送通量值达2000 g/(cm·s)或3000 g/(cm·s)以上。由于该年10月西太平洋副高脊线位于25°N，所以沿副高脊线附近存在一条狭窄的、呈东西向延伸的水汽输送低值带。换言之，在水汽输送纬向分布图上，副高脊线以北为自西向东的水汽输送，脊线以南为东向西的水汽输送，正负水汽通量分界线沿副高脊线伸展。这是10月水汽输送场（包括总输送与平均输送）上的一个重要特征。

比较1月和7月的整层水汽平均输送场可以发现，7月由于北风分量所引起的水汽平均输送通量远大于1月。由于水汽平均输送通量乃平均风速与平均比湿之积，故风速减小与比湿增加对通量的贡献不是等价的，而是依赖于二者的权重。实际上，从冬到夏，东亚大槽减弱，北风分量自然是逐渐减小的，而温度与湿度则相反，是迅速增加的。也就是说，比湿的急剧增加对水汽输送通量不仅产生正贡献，而且其正贡献可以补偿由于北风分量减弱对水汽输送通量所做的负贡献并绰绰有余。

3.6　盆地界山对水汽活动的影响程度

盆地四周地形的水平高度要比盆地自身高，在中间形成一个低地，常为一地形（平原、高原）被山所围绕，因此盆地是地形分支的一种。

因而盆地往往受周围山体和盆地内空中水的影响，形成自己特有的天气气候。张学文表示，90% 的空气集中在 16 km 以下的大气中，大气中 90% 的水分集中于近地面 5 km 的空气层内。如果一个盆地与包围它的山体的高度差达到 5 km，那么盆地周围山体对盆地内空中水的活动有明显影响，其降水、云系的特征受盆地地形制约。而我国的一些盆地与其周围山体的高度差接近这个数值，所以要特别关注盆地四周山体对盆地中水汽、云、降水的影响。张学文在接受《中国气象报》采访时分析说，我国盆地气象具有非干即湿的两极分化特点，即盆地一旦空中水稀缺，它会长时间维持干旱状态，反之，如果盆地内空中水盈余，空中水可以在盆地内自行“水分循环”，从而使降水偏多。这类似于电脑中广泛应用的数字电路的双稳态特征（不是高电位，就是低电位）（田惠平，2012）。

由于四川周边大地形对大气环流的作用，四川省的攀西地区和盆地大部地区不易受冷空气活动影响。同时，由于低纬度暖湿气流沿高原东南部向北输送，地形影响突出的四川盆地西北部的绵阳、安县、北川一带，盆地西部的雅安、乐山，盆地东北部的达州、巴中附近是三个主要降水中心。另外，川西南的攀枝花、西昌一带也是一个降水中心。大风主要出现在四川西部川西高原和川西南山地的甘孜、阿坝和凉山三州以及盆周北部山口河谷等地，其中，甘孜州东北部和北部最多，其次是盆地北部和东北部，也是一相对多大风地区。四川省冰雹多发区在甘孜州中部和北部、阿坝州西北部，其次是甘孜州南部和阿坝州东南部。另外，盆地东部平行岭谷山地及其以南地区，盆地东北、北部边缘山地也是一个多发地区。四川降水分布，从区域看，暖区多雨，冷区少雨；从季节看，冷季雨少，暖季雨多。降水资源的时空分布不均，常形成旱、涝灾害。

全省多年平均降水量为 400 ~ 1200 mm。盆地区为 800 ~ 1200 mm，川西高原南部为 800 ~ 1100 mm，川西高原北部为 600 ~ 800 mm。盆地区年降水量自四周向中部减少，盆中丘陵区普遍在 1000 mm 以下；盆地四周在 1000 mm 以上，西缘最多雨区可超过 1700 mm。川西高原南部年降水量相对均匀，最多在 1100 mm 左右，最少区在金沙江河谷地带，为 700 ~ 800 mm。川西高原北部受南北向纵向山系的影响，背风深谷区相对少雨。例如，岷江上游九顶山背风面的茂县，年降水量不足 500 mm；横断山北段背风面的得荣年降水量仅 325 mm，全省最少。年平均相对湿度东部大于西部，盆地区属我国高湿度区之一，盆北相对湿度在 70% ~ 80%，盆南、盆西南在 80% 以上。川西高原从东北向西南递减，雅砻江以东地区相对湿度在 60% ~ 70%，以西在 60% 以下，巴塘、得荣一带谷地不足 50%。

练习题

1. 空气水的水汽通量散度是由哪几部分组成的？
2. 大气中水汽的析出和补入方式有哪些？
3. 请对大气中水汽相对运动方程的水平方向进行单项分析。
4. 我国夏季（7 月）整层水汽平均输送特征。

第4章　空中水的状态变化和降水过程

本章介绍了空中水的水汽态、云态、降水物态三种存在形态，对三种形态中的含水量计算进行了简单的介绍，并对降水物的颗粒——雨滴做了详细介绍，包括雨滴形状、雨滴尺度谱和雨滴的下落末速度；本章还详细讲解了降水强度、降水效率及降水与蒸发的关系，介绍了对人类生活、生产影响较大的水平降水的形成及特点，简要概述了我国的降水与暴雨情况。

4.1　空中水的状态变化

4.1.1　空中水的三种基本存在形态

空中水存在的形态是什么？过去我们从传统物理学的角度认为，物质有三种基本存在形态，即固态、液态和气态，后来又补充了等离子体、液晶等物质的稳定存在状态。因此，一般研究中把空中水研究套用固态、液态、气态的三态的概念，但显然这样的基本形态划分没有突出空中水的特点。

我们把空中水划分为水汽、云、降水物三种状态，即水汽、云、降水物是空中水的三种基本存在形态，这种划分显示出在物理学上与固态、液态、气态划分不同的侧重点，其基本含义如下。

水汽态：代表了弥漫于大气各个角落的水汽分子或者几个水分子的聚合体，颗粒尺度是纳米量级，这些物质90%集中在对流层的近地面5 km的大气低层。空中的水汽占大气总质量的0.25%，水汽含量的一个重要特点是不同温度、不同高度、不同时间其变化很大。

云态：代表了由大量的小水滴（云滴）或者小冰晶散布于大气的有限空间内而形成宏观云。云滴颗粒的尺度是微米量级，肉眼难见，但云是大量的云滴、冰晶的集合体，却是可以看得见的，它呈现出各种宏观的形态。蓝天白云，“云与天”的分界是明显的。云一般呈水平方向伸展，厚度多在1 km以下，有的薄云只有数米；个别的云很厚，如积雨云云顶可从低空伸展到10 km以上；云一般有清晰的、水平的云底。我们经常看到的云底相对稳定，即它不下沉，也不会像气球那样自动往上升。

关于云态，其存在和变化需要从微观和宏观两个层面上描述。在微观层面上我们关心云颗粒是由水滴、冰晶组成的或者是它们的混合体；不同大小和形状的云滴、冰晶各有多少（所谓云滴谱）以及单位体积内有多少的液态或者固态的云滴、冰晶等。而在宏观层面上，云的厚度、笼罩面积、形状，以至颜色、结构等内容十分丰富。根据云底的高度，云被分为低云、中云、高云和直展云。卫星云图上，我们可以同时看到数百以至上千千米尺度的云的状态与分布，是“巨观”尺度的云（第二个层次）。

降水物态：通常的“降水”描述了雨、雪、米雪、冰雹等从天空落下来的固体或者液体小颗粒的总体。而这里的“降水物”态是指正在降落中（它依然在空中，而不是已经落到地面）的雨滴、雪花、米雪、冰雹等颗粒的总体。降水物的颗粒（雨滴、雪花、米雪、冰雹）尺度是毫米量级的，是肉眼可以看到的个体。“降水物”都是在“降落中”，而不是飘在空中。降水物所笼罩的面积被称为“雨区”（含降雪等）。降水物落地而形成的降水对地球生态和人类活动有着非常重要的影响。

空中水的水汽、云、降水物三种存在形态的共同特点是基本单元的“颗粒性”。而水汽、云、降水物的颗粒特征联系着它们在状态变化中的个体表面能（对应于潜热能）的变化。

4.1.2　湿空气状态方程

水汽和干空气组成的混合理想气体称为湿空气，依据摩尔质量公式（$M = m/n$）可以求得湿空气的平均摩尔质量为

$$M_a = \frac{M_d + M_v}{\dfrac{m_d}{M_d} + \dfrac{m_v}{M_v}} = \frac{M_d}{1 - q + \dfrac{q \cdot M_d}{M_v}} = \frac{M_d}{1 + 0.608q} \tag{4.1}$$

式中，M_d 为干空气平均摩尔质量，M_v 为水汽的摩尔质量，q 为比湿。

由式（4.1）可导出湿空气的比气体常数为

$$R = \frac{R^*}{M_a} = R_d(1 + 0.608q) \tag{4.2}$$

式中，R^* 为摩尔气体，常数

$$R^* = 8.3143\ \text{J/(mol} \cdot \text{k)}$$

则湿空气的状态方程应是

$$p = \rho RT = \rho R_d T(1 + 0.608q) \tag{4.3}$$

式中，ρ 为湿空气的密度。可见在同一压力和温度下，湿空气的密度比干空气的小，含有的水汽越多，密度越小。若定义虚温

$$T_v = (1 + 0.608q)T \tag{4.4}$$

则可以写成湿空气状态方程：

$$p = \rho R_d T_v \tag{4.5}$$

由此可见，引用虚温后，湿空气便可看成干空气，可用干空气的状态方程来表示。由虚温定义可得虚温订正量

$$\Delta T_v = T_v - T = 0.608qT = \frac{0.379eT}{p} \tag{4.6}$$

显然，空气温度越高，水汽越多，虚温订正量越大。可见，大气低层虚温订正量不可忽略，到高空很快减小，当虚温订正量和温度的观测误差同数量级时，就可不做虚温订正了。

4.1.3 大气含水量

（1）大气质量的计算

测量物体的质量，一般是把物体放到台秤上，台秤就感受到一个重力，由于重力与物体的质量是正比例关系，于是台秤的刻度盘就根据受到的重力，直接标记被测量物体的质量。依靠静止不动的物体受到的重力，来反算物体的质量。

地球空气总质量的计算也可按照上述思路进行。气象学中，空气的压强大约与 76 cm 高的水银柱的压强相同。根据水银的密度 13.6 g/cm^3，这大约折合 10 m 高的空气柱。而每平方厘米面积上的 10 m 高的空气柱的质量是 1 kg。大气给予地面的 1 kg 的压力是作用在地球表面的每平方厘米的表面积上的，所以用地球面积（$5.11\times10^8\ km^2$）乘以 1 kg/cm^2 再经过单位换算，得到空气的总质量约为 5.11×10^{18} kg。可见，只要知道海平面的大气压强就容易换算为大气质量。

实际的地球表面的大气压强的平均值是 985.8 hPa，即每平方米受到的力是 985.8×100 N（牛顿），根据牛顿第二定律，这个压力 p 与质量 m 的关系是

$$p = mg \tag{4.7}$$

式中，g 是地球的重力加速度，$g=9.8\ m/s^2$，即每平方米面积上的空气质量 m 为 $(985.8\times100\ N/m^2)/(9.8\ m/s^2)=100.6\times100\ kg/m^2$。以地球面积 $5.11\times10^8\ km^2$ 乘它，经过对面积的单位换算我们得到大气的总质量 M 是 5.14×10^{18} kg。它与前面的估算值差不多。

以上计算思路实际利用了静力学的原理，即静止的物体给予地面的压力等于物体（这里的空气）的质量与地球在地表面附近的重力加速度的乘积值。它与我们用台秤称物体是一个道理。

以上计算思路说明，只要知道全球大气压的平均值，就知道大气的总质量。类似的思路自然也可以用到水汽质量的计算上。这里，为了估算大气中的水汽质量，需要先得到地球表面附近的水汽压的平均值。

全球全年水汽压的平均值可设法粗略地估计。一般气象知识表明，地表面附近的水汽在赤道附近的热带居多，越向寒冷的两极地区靠拢，空气里的水汽就越少。由此，我们自然认为在赤道到极地之间，其水汽的含量应当接近全球的平均值。另外，根据几何学知识，地球（球体）的南北纬 30°恰好把地球分成中间的 50% 面积和南北两端的 50% 面积。即北（南）纬 30°恰好代表了地球的平均情况（按面积）。所以 30°纬圈上的水汽压对全球平均值具有代表性。参考中国在这个位置附近的气象站（如杭州等）的水汽压平均值，以及文献里的地面比湿的全球分布图特征，再换算为水汽压分布，最后我们综合取 14.8 hPa 为全球全年地面水汽压强（单位面积上的压力）的平均值，即每平方米面积受到的力是 1480 N（牛顿）。

（2）全球水汽的质量

既然空气的总质量 M 可以根据公式先计算单位面积上的空气质量再乘以地球表面积而得到，全球水汽压对应的水分总质量自然也可以类似地求得（即也依据静力学原理）。由于单位面积上的水汽质量 $m_v=e/g=14.8\ hPa/9.8\ m/s^2=14.8\times100\ N/9.8\ m/s^2m^2=150\ kg/m^2$，注意到 150 kg 是指 1 m^2 地面上空的水汽总质量。它折合每平方厘米面积上为 15 g 水汽。或者说，空气里的水汽如果化为液体水，它对应 15 cm 厚的水层。

以地球面积 $5.11\times10^8\ km^2\times150\ kg/m^2$，经过对面积的单位换算得到的大气中水汽的总

质量 M_v 是 7.66×10^{16} kg。

于是 7.66×10^{16} kg 就是我们用类似于计算全球空气质量的原理和方法，依据全球平均水汽压（压强）为 14.8 hPa 而计算出来的全球空气里的水汽总质量。

4.1.4　云的含水量

如何估算同一时刻大气的云中含水量？如果根据飞机和气象卫星观测知道：①不同类型的云的平均含水量；②不同类型的云的平均厚度；③不同类型的云在同一时刻占了地球的相对面积，就可估算出云中含水量。下面就利用表 4.1 列出的数据估算云的含水量。

表 4.1　计算云的含水量的有关数据

云的类型		含水量 /(g/m^3)	云量/%	面积 /10^6 km^2	云厚 /m	云体积 /10^6 km^3	总含水量 /10^8 t
高云（Ci，Cs，Cc）		0.03	15	76.5	150	11.47	3.4
中云（As，Ac）		0.12	8	40.8	800	32.64	39.2
低云	层云（St）、层积云（Sc）	0.25	10	51.0	500	25.5	63.7
	积云（Cu）	0.4	9	45.9	800	36.72	146.9
	积雨云（Cb）	0.6	4	20.4	4000	81.6	489.6
	雨层云（Ns）	0.3	7	35.7	1500	53.55	160.6
合计				270.3			903.4

表 4.1 中第 1 列给出的为不同类型的云，第 2 列给出了相应的平均含水量。例如，含水量最大的积雨云的平均含水量为 0.6 g/m^3。第 4 列是该云覆盖地球的相对面积。利用第 3 列给出的百分比乘地球的总面积就得到该云在地球上所占的实际面积。如高云的云量是 15%，把它与地球的总面积 5.1 亿 km^2 相乘就得到第 4 列中云笼罩的实际面积。第 5 列是云的平均厚度。把第 5 列云的平均厚度与第 4 列的面积相乘就得到第 6 列云的体积。利用第 2 列含水量与第 6 列云的体积相乘就得到云的含水总量（第 7 列）。把各种云的含水总量相加就得到了大气的云中含有的水分的总数量为 903.4 亿 t。考虑到数据原有的偏差，不妨说全球大气云中的含水量约为 900 亿 t。

气态水的厚度为 25 mm，对应的大气总含水量约为 129000 亿 t，把它与云中含水量相加得到大气中气态、液态和固态（云）的总含水量约为 130000 亿 t。它说明云中含水尽管很直观，但实际数量（9 亿 t）比看不见的水汽小很多。由于（900/129900 = 0.7%），所以云中含有的水分仅占大气总含水量的 7‰。

把这些云中水“铺”到地球上仅 0.2 mm 厚，与 25 mm 厚的水汽比，在计算大气含水总量时是可以忽略的。

4.1.5　云滴谱

通常将云中半径小于 100 μm 的小水滴称为云滴，习惯上又将其中半径处于 50 ~ 100 μm 的云滴称为大云滴（有人将 $r > 25$ μm 的云滴称为大云滴）；将半径大于 100 μm 的水滴称为雨滴。不同地区、不同云型或同一云型的不同发展阶段，云中水滴的尺度大小和数密度都不同，而且不同尺度水滴的下落速度也不同。

各种云雾中云滴的大小有着很大的差别。一般说来，雾滴要比云滴小得多，在雾形成或消散时更小，半径可以小于 1 μm。在比较稳定、维持时间较长的地面雾中，雾滴半径要大一些，平均半径不到 10 μm。层状云的云滴也只有 5～6 μm，积状云中云滴较大，发展强盛时在 10～20 μm，甚至数十微米。但晴天积云中云滴大小与层状云接近。与雾滴相似，云滴大小也随着云的发展有很大的变化，例如，曾观测到积状云发展时平均云滴半径在 10 min 内由几微米增大到 10 μm 左右的情况。

层状云和积状云的云滴数密度也不相同。在雾和层状云中数密度大一些，平均可以达到 100～1000 个/cm^3。在积云里，云滴数密度要小一些，每立方厘米只有几十或几百个。另外，大陆性云比海洋性云的数密度要高。

云中各种大小云滴的数密度分布称为云滴谱，不同云型的云滴谱差异较大。一般地，积状云比层状云的谱型宽。在同一云型的不同发展阶段及同一块云的不同高度，其谱型和谱宽也都有差别。图 4.1 给出各类云的平均滴谱谱型，可以看出，对流强的浓积云的云滴谱较宽，云滴数密度较小而尺度较大。

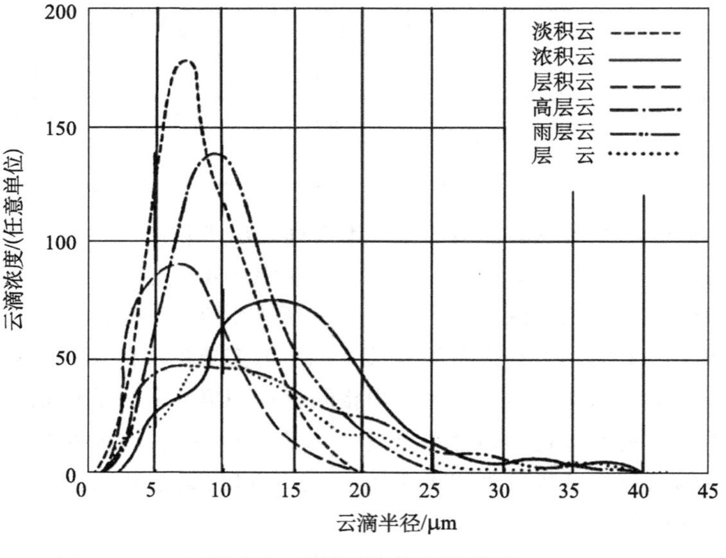

图 4.1 各种云平均滴谱谱型

云雾滴谱分布函数 $n(r)$ 的具体数学表达式来自于对实测资料的数学拟合。通过对大量实测资料的分析可知，当尺度取线性坐标时，谱型大多是随着尺度的增大而很快上升，达到极大值后，再随着尺度的增加而缓慢下降。这样一种谱型可以用修正的 Γ 分布函数或对数正态分布函数来拟合。

（1）修正的 Γ 分布函数

若用函数 $n(r) = re - br$ 拟合云滴谱，其极大值在 $r = 1/b$ 处，半径小的一边变化缓慢，与观测资料不符，而用半径的幂指数作自变量，则可以很好地拟合云滴谱。

$$n(r) = ar^{\alpha}\exp(-br^{\nu}) \tag{4.8}$$

它的积分为

$$N = \int_0^\infty n(r)\,\mathrm{d}r = \frac{n_0}{\nu}\lambda^{-\frac{\alpha+1}{\nu}}\Gamma\left(\frac{\alpha+1}{\nu}\right) \tag{4.9}$$

式（4.9）称为修正的 Γ 分布函数。

修正的 Γ 分布函数需要调节的参数较多，实际使用时不太方便。云物理学中广泛使用如下公式：

$$n(r) = ar^2 e^{-br} \tag{4.10}$$

它是式（4.8）中令 $\alpha=2$，$\nu=1$ 的结果。其优点是只有两个控制参数 a 和 b，它们都有特定的物理意义。令 N 和 r 分别表示云滴总数和平均半径，有

$$N = \int_0^\infty n(r)\,\mathrm{d}r = \frac{2a}{b^3}$$

$$\bar{r} = \frac{1}{N}\int_0^\infty rn(r)\,\mathrm{d}r = \frac{3}{b} \tag{4.11}$$

单位体积云中液态水总量 q_w 可写为

$$q_w = 10^{-6}\left(\frac{4\pi}{3}\right)\rho_w\int_0^\infty r^3 n(r)\,\mathrm{d}r = \frac{160}{b^6}\pi\rho_w a \tag{4.12}$$

式中，ρ_w 为水的质量密度（$\mathrm{g/cm^3}$），q_w 以 $\mathrm{g/cm^3}$ 为单位，r 以 cm 为单位。由上面三式中的任意两式联立可确定参数 a 和 b。

（2）对数正态分布函数

当尺度取对数坐标时，原来在线性坐标中的偏态分布可能变为正态分布，称为对数正态分布。对数正态分布不但能进一步显示小粒子端的分布细节，又因压缩了大尺度端，因而又消除了分布的“长尾巴”。

按高斯分布，不难给出对数正态分布函数 $n(r)$ 为

$$n(r) = \frac{N}{\sqrt{2\pi\ln\sigma_g}}\exp\left[-\frac{(\ln r - \ln r_g)^2}{2\ln^2\sigma_g}\right] \tag{4.13}$$

描述对数正态分布的两个控制参量 r_g 和 σ_g 分别称为几何平均半径和几何标准差，它们的取值确定了云滴谱的形状，其离散表达式分别为

$$\ln r_g = \frac{\sum_i n_i \ln r_i}{\sum_i n_i} \tag{4.14}$$

$$\ln\sigma_g = \left[\frac{\sum_i n_i(\ln r_i - \ln r_g)^2}{\sum_i n_i - 1}\right]^{\frac{1}{2}} \tag{4.15}$$

式中，i 表示第 i 个尺度间隔，n_i 则表示第 i 个尺度间隔内的云滴数密度，r_i 表示第 i 个尺度间隔的云滴半径。

需要说明的是，分布函数仅描述了滴谱分布的平均状况，因为滴谱分布随时间、地点、云型、云中不同部位以及云的不同发展阶段而不同，所以一次个别取样很可能会偏离这种分布，比如，锋面过境时或云发展旺盛阶段，常可以观测到滴谱是双峰甚至多峰分布，这时需使用上述函数做分段拟合，有的谱段也可用负幂指数拟合。

4.2 雨滴

4.2.1 雨滴形状

雨滴在空气中降落时，其形状随大小变化。半径小于 140 μm 的雨滴可认为是球状，随着尺度的增加，雨滴逐渐变成椭球体和平底椭球体，当半径大于 5 mm 时，雨滴甚至会破碎。

若分别用 v 和 h 表示雨滴垂直和水平方向的轴长，则其形状可用轴比 a 表示：

$$a = v/h \tag{4.16}$$

实际降水过程中，特别是降水强度较大时，轴比的变化范围较大，图 4.2 给出了典型降水过程中雨滴轴比的观测和理论结果。从图 4.2 中可以看出，总体上轴比随着雨滴体积等效直径的增大而减小。

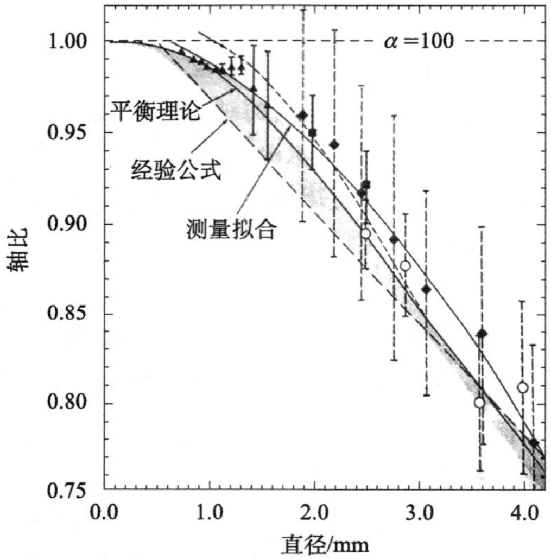

图 4.2　雨滴轴比与体积等效直径的关系

4.2.2 雨滴尺度谱

通常以体积等效直径（体积相同球体所具有的直径）d 来描述雨滴的大小，其尺度分布函数则可写为 $n(d)$。雨滴的尺度谱分布已在世界上大多数气候区采用各种方法进行了测定。尽管雨滴大小的分布随时间和空间而变，但可以看出，随着雨滴尺度的增大，相应的雨滴数密度迅速减小。这种趋势对直径超过 1 mm 的雨滴表现更为明显。通常雨滴数密度也随雨强而产生系统的变化，降水率增大时，大滴数也随之增加。

Marshall 和 Palmer 根据在加拿大渥太华夏季的观测资料，分析认为雨滴大小的分布非常接近于一个负指数函数的形式，特别是在非常稳定的降雨中，这一特征表现得更为明显。因此，除很小的雨滴外，雨滴大小的分布可以用以下的近似式来表示：

$$n(d) = \frac{\delta N}{\delta d} = N_0 e^{-\lambda d} \tag{4.17}$$

该分布曲线在半对数坐标上，表现为直线，称为 Marshall-Palmer 分布或简称为 M-P

分布。

对于尺度谱分布为 $n(d)$ 的降水粒子群，降水强度可表示为：

$$I = \frac{\pi}{6}\rho_\omega\int_0^\infty d^3 n(d)u(d)\delta d \tag{4.18}$$

式中，I 为降水强度，也称为降水率，指水平面上的降水体积通量，即通过一水平面上的降水通量密度，SI 单位制中其单位为 m/s，为了方便起见，通常用 mm/h 作为降水强度的单位。在地面上，I 值的变化很大，可以从微量一直到 100 mm/h，中纬度的典型降水率约为 10 mm/h，超过 25 mm/h 的降雨强度通常出现在对流云降水过程中。在大多数地区中，降雪时比降雨时的降水强度至少小一个量级。

式（4.18）既可用于雨，也可用于雪，其中 $u(d)$ 是雨滴的下落末速度，以 m/s 为单位。如有上升气流 w，则上式中的 $u(d)$ 应代之以 $u(d) - w$。

同时，Marshall 和 Palmer 还给出了斜率 λ 和 I 的关系

$$\lambda(I) = 41I^{-0.21}\ \text{cm}^{-1} \quad N_0 = 0.08\ \text{cm}^{-4}$$

即 Marshall-Palmer 分布中的斜率 λ 只决定于降水强度，截距参数 N_0 为常数（图 4.3）。因此，该分布模式中斜率因子 λ 是唯一的参数，故称为单参数模式，由一个宏观量就可以确定 λ，从而确定谱分布，使用上比较简单。当截距参数 N_0 不是常数时，雨滴谱就需要由 λ 和 N_0 两个参数确定，称为双参数模式，也已在云降水数值模拟中广泛使用。

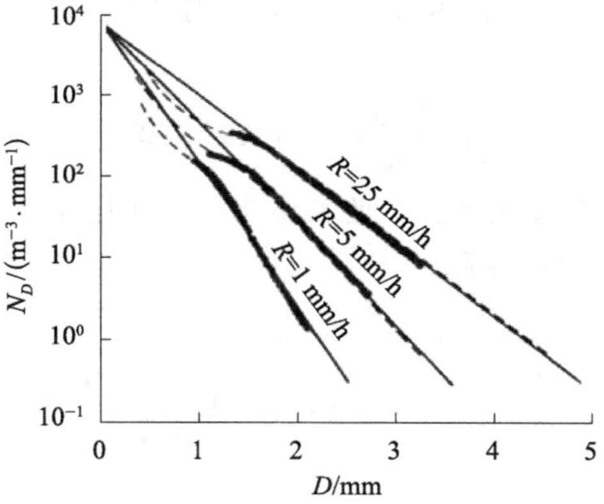

图 4.3　雨滴谱观测结果（断线和点线）、M-P 分布（实线）与降水率 R 的关系

虽然并不是所有的雨滴分布都具有简单的指数函数形式，特别是对于直径小于 1 mm 的雨滴使用修正 Γ 函数分布能得到更佳的拟合曲线。但是从许多不同地区的观测结果来看，指数分布形式仍然可以作为各个雨滴样本平均情况的极限形式。此外，对中纬度大陆的稳定性降水来说，采用 Marshall-Palmer 的 λ 和 N_0 的值一般可以得到接近实况的结果。

4.2.3　雨滴的下落末速度

水凝物粒子在重力作用下的降落是大气粒子最基本的沉降过程之一。微滴的下落速度由三种力的作用决定，即地球重力、空气浮力和空气阻力。

（1）重力

假设水滴的半径为 r，则地球重力为 $4\pi r^3\rho_w g/3$，其中地球重力加速度 g 可看作常数，ρ_w

为液水密度。假设水滴在下降过程中无蒸发、凝结、碰撞现象，从而 r 也可看作常数，因此可认为水滴受到的地球重力无变化。

（2）浮力

空气浮力等于水滴排开的等体积空气的重量，按阿基米德原理，空气对水里的浮力应为 $4\pi r^3\rho_a g/3$。由于空气密度越向下越大，所以浮力也就相应越向下越大。

作用于空气中水滴上的净重力为水滴重力与空气浮力的合力，即

$$F_G = 4\pi r^3 g(\rho_W - \rho_a) \tag{4.19}$$

对于通过空气下降的球形水滴来说，$\rho_w \gg \rho_a$，故上式可近似为

$$F_G = 4\pi r^3 g\rho_W \tag{4.20}$$

（3）空气阻力

由动量守恒原理，在黏性流体中，作用于半径为 r 的球体上的阻力为

$$F_R = \pi r^2 u^2 \rho a C_D \tag{4.21}$$

此式称为牛顿阻力公式，其中 u 是水滴相对于空气的速度，C_D 是表示液体特征的阻力系数，$C_D/2$ 即为空气动量传递给水滴表现为阻力的比例。利用以流体的动力黏性系数 μ 表示的雷诺数 $N_{\mathrm{Re}} = 2\rho aur/\mu$，则上式可写成

$$F_R = 6\pi r\mu u(N_{\mathrm{Re}}C_D/24) \tag{4.22}$$

降水粒子在受重力作用下降时，重力和阻力很快达到平衡，使粒子按匀速下降，此时的下降速度称为“下降末速”。即末速出现在 $F_G = F_R$ 的情况下，并且雷诺数非常小时（粒子半径小），方程可简化为

$$v_w = \frac{2\rho_w g}{9\mu}r^2 \approx 1.19 \times 10^6 r^2 \tag{4.23}$$

这种下降末速度取决于尺度的平方，此关系式称为斯托克斯（Stokes）定律（图 4.4），它适用于半径为 0.5 ~ 50 μm 的云滴。

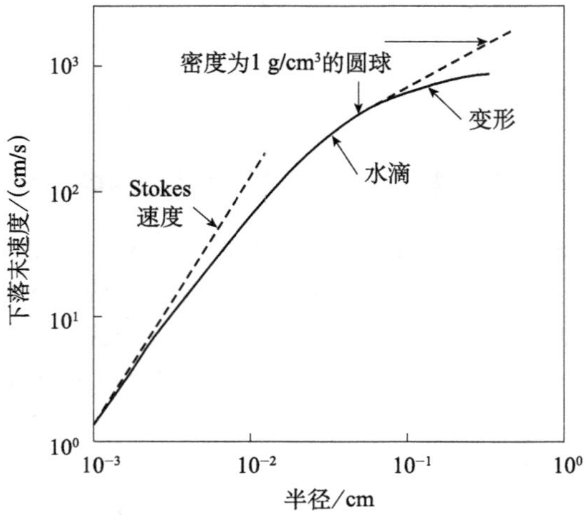

图 4.4　水滴下落速度与尺度的关系

球形粒子实验表明，对于相当大的雷诺数（大粒子）来说，C_D 与 NR_e 无关，而且值为 0.45，$u = 0.0012\ \mathrm{g/cm^3}r^{1/2}$。雨滴的雷诺数很大，但它并不是理想的球体。因此，尽管在描

述大雨滴下落末速度时常常采用上式，但这式子也只适用于 500 μm < r < 5000 μm 的尺度范围，相应末速度为 4 ~ 9 m/s。对于 50 μm < r < 500 μm 中间尺度范围的水滴，即处于斯托克斯定律和平方根定律适用范围之间的水滴来说，下落末速度的近似公式为

$$u = 8000R \tag{4.24}$$

如果环境空气处于不饱和状态，云滴和雨滴在下落过程中则会蒸发逐渐变小，下落速度减小，表 4.2 给出了不同半径水滴在状态均匀的大气中下落到完全蒸发所经过的距离。可以看到，水滴下落到完全蒸发所经历的距离随半径增加而迅速增大，在此基础上可以合理地区分云滴和雨滴。如果水滴的尺度足够大，能够在完全蒸发之前到达地面时，则将此水滴称为雨滴，反之称为云滴。因此习惯上以半径 0.1 mm 为界，大于该尺度的水滴到达地面的可能性很大，即归为雨滴，半径在 0.1 mm 附近的水滴一般称为毛毛雨滴。

表 4.2　水滴下落到完全蒸发所经历的距离

（假设下落过程中大气状态不变，温度：280 K，相对湿度：80%）

初始半径	下落距离
1 μm	2 μm
3 μm	0.17 mm
10 μm	2.1 cm
30 μm	1.69 m
0.1 mm	208 m
0.15 mm	1.05 km

4.3　降水

4.3.1　降水强度

降水强度也称为降水率，指水平面上的降水体积通量，即通过一水平面上的降水通量密度，为了方便起见，通常用 mm/h 作为降水强度的单位。在地面上，I 值的变化很大，可以从微量一直到 100 mm/h，中纬度的典型降水率约为 10 mm/h，超过 25 mm/h 的降雨强度通常出现在对流云降水过程中。在大多数地区中，降雪时比降雨时的降水强度至少小一个量级。

如果降水粒子下落时存在速度为 U 的垂直气流，降水率表示为

$$I = \frac{\pi}{6}\int_0^\infty n(D)D^3(u - U)\mathrm{d}D \tag{4.25}$$

显然，当 U 很大时，降水率甚至可为负值。当只需要考虑空中降水粒子的含量时，可定义 t 时刻与上升气流无关的单位体积空气中降水粒子的总体积

$$L(t) = \frac{\pi}{6}\int_0^\infty n(D)D^3\mathrm{d}D \tag{4.26}$$

为了讨论阵雨过程中降水粒子的产生率，上式表示为初始雨滴尺度谱分布的函数：

$$L(t) = \frac{\pi}{6}\int_0^\infty n_0(R_0)R^3\mathrm{d}R_0 \tag{4.27}$$

利用下落速度与雨滴半径的线性关系，R 和 R_0 的关系，于是得到：

$$L(t) = \frac{4\pi}{3}\int_0^{\infty} n_0(R_0)R_0^3 e^{3at} dR_0 = e^{3at}L_0 \tag{4.28}$$

其中，

$$L_0 = \frac{4\pi}{3}\int_0^{\infty} n_0(R_0)R_0^3 dR_0 \tag{4.29}$$

是最初的雨水总体积。如果 $EW = 1\ g/m^3$，可以得到 $a = 0.002/s$ 雨水体积加倍所需要的时间为（ln2）/3a = 116 s = 1.93 min。

4.3.2 降水效率

云是大气中水汽转换成降水的中间阶段的产物，能否降水与云中微物理条件及过程有关，能否大量降水则与云的宏观条件有关。因此，并不是所有的降水性云在完成这种转换过程中都有相同的效率。例如，小块积云往往增长很快，一旦发展到出现降水粒子时，它就开始消散了，因此有许多云水不能转换为雨水，只能保留在高空，最后蒸发消失。由于各种不同的原因，很大一部分层状云在产生降水方面也不是很有效的，虽然这些层状云可以在空中持续几小时，但它们既没有利于碰并的高液水含量，也没有启动冰晶过程所需的低温。因此，即使云体在高空处于过冷却状态，相对于冰晶过程处于微物理不稳定状态，但也只能产生少量降水。人们已从多个角度定义了不同的云降水效率，用来描述一块云把水汽或其凝结物转换成降水的有效程度。

Braham（1952）利用大量在美国佛罗里达州和俄亥俄州获取的云降水资料来确定小雷暴的水分收支。平均而言，进入雷暴的水汽流入量是 8.9×10^8 kg，其中 5.3×10^8 kg 凝结成液水，其余部分未经凝结就脱离雷暴。凝结水中仅约 10^8 kg 到达地面，其余部分在下沉气流中或云的边缘蒸发消失。降水效率可定义为到达地面的降水质量与进入云中的水汽质量之比。根据这一定义，上述小雷暴的降水效率仅为 11%。如果把降水效率定义为最终到达地面的凝结水占凝结总量的分数，则为 19%，对雷暴的降水效率来说，常引用此值。

Wexler 等（1958）定义了稍有不同的降水效率，即下落的降水总量与假绝热上升运动凝结出来的可被利用的水量之比。从这个意义上讲，他发现降水效率最高的云是大范围层状云中嵌入的积云。

若从微物理观点讨论降水效率，Hardy（1963）对不同类型的雨滴谱分布进行了计算，以确定哪些云在耗尽云滴（即碰并云滴）方面较为有效，据此得出结论认为，分布陡的滴谱降水最为有效。根据雷达观测的夏威夷地形雨具有大量的小水滴，Rogers（1964）发现，反射率随高度迅速减小，这就意味着云中的碰并作用非常有效，从而证实了 Hardy 的想法。

Houghton（1968）在评估人工增雨方案时，考虑到碰并效率的问题，把降水效率定义为：

$$S = L(t) = \frac{\pi}{4}\int N(D)D^2V(D)dD \tag{4.30}$$

积分是对所有水滴进行的，并假设水滴均为球形。在物理意义上，S 就是单位时间内降水粒子扫掠的几何截面占云内单位水平面积的分数。Houghton（1968）根据谱分布资料，确定了 $S\propto R$ 这一较好的近似关系。他发现，对于阵雨来说，这种重力沉降过程不能充分说明降水的发展机制，这正是阵雨降水效率低的一个原因。关于人工降雨的可能性，Houghton

(1968）认为，由于阵雨的降水效率低，存在着通过人工播云增加雨量的可能，但是增加雨量的机会仅仅在某些特定的条件和特定的时间内才会出现。

除了单个云的降水效率外，人们更多关系的系统性降水。Hobbs 等（1980）在讨论温带气旋内若干中尺度雨带的降水效率及其在人工降水中的应用时，把降水效率定义为地面雨区的总降水率与雨带的总凝结率之比。

4.3.3 降水与蒸发

(1）一维的降水与蒸发方程

由于大气环流的存在，地球上任何地点的降水量可能来自地球任何地点的蒸发量，而任何地点的蒸发也可能到地球的任何地点再以降水的形式而降落。为了定量地揭示这个复杂过程，前面引入了水分辐合函数和水分辐散函数这两个概念工具。现在就利用这两个概念、降水量和蒸发量的实际数据和关于空中水的总量是平衡（不变化）的这个强有力约束去寻找制约降水或者蒸发的关系。这种空中水的平衡体现了物质守恒定律。

计算中需要用到实际的降水量或者蒸发量数据。过去积累了大量的各地降水数据和蒸发数据，尽管这些原始观测数据可能存在相当的误差、空白，但学者们还是分析出了世界各地的多年平均的降水量和蒸发量。

某一个纬带（如 10°—40°N）的降水应当是各个纬带的蒸发量辐散（降落）到本纬带的综合结果。所以第 i 个纬带的降水量 P 是各个纬带的蒸发量 E_j（注意不要混淆了符号 i 与 j）与该纬带的水分辐射函数乘积的合计值，即

$$P_i = \sum_{j=1}^{7} E_j D(j,i) \quad i = 1,2,\cdots,7 \tag{4.31}$$

式中，表示 i 处的降水量 P 是可以通过各个纬带 j 的蒸发量以及该纬带的辐散函数而计算出来的。我们把这个可以通过蒸发而计算降水量的公式称为“降水方程”。它体现了当地降水与各地蒸发的联系，而这种联系的纽带就是辐散函数。可以说降水是收集各个纬带的蒸发的结果。式（4.31）对于任何一个 i 值都成立，即对每个纬带都成立，所以它实际代表了 7 个公式。

现在我们再转而从另外一个思路分析问题，它引出降水与蒸发的另外一种联系。第 i 个纬带（如 10°—40°N）蒸发的水分最终应当通过降水而分散、转移、降落到各个纬带上去。

第 i 个纬带蒸发的水分降落（分散、转移）到第 j 个纬带的量 $E_i(j)$ 应当是 j 纬带的总降水量 P_j，乘以该纬带的水分辐合函数，即 $E_i(j) = P_j C(i,j)$。而这个关系对于不同的 j 值都成立。所以第 i 个纬带蒸发的水分总量 E_i 是它在 7 个纬带形成的降水量的和，即

$$E_i = \sum_{j=1}^{7} E_i(j) = \sum_{j=1}^{7} P_j C(i,j) \quad i = 1,2,\cdots,7 \tag{4.32}$$

上式表示第 i 个纬带的蒸发量 E_i 是可以通过各个纬带的降水量以及该纬带的辐合函数而计算出来的。我们把这个可以通过降水而计算蒸发的公式称为“蒸发方程”。它体现了当地蒸发与各地降水的联系，而这种联系的纽带就是辐合函数。可以说蒸发的出路是变成了各个纬带的降水而体现水分在循环中没有丢失（水分平衡）。式（4.32）对于任何一个 i 值都成立，即对每个纬带都成立，所以它实际代表了 7 个公式。

为了分析各地大气中水分循环的一般关系，我们在一维、离散的简化条件下引入了两个概念，水分辐合函数和水分辐散函数。我们利用了长历时背景下水分循环必须保持水分的平

衡，即任何小区域的蒸发的水分必然最后在地球各地形成降水，或者任何地点的降水必然来自各地的蒸发而不能丢失的约束关系。这些分析固然不复杂，而且得到的方程也不复杂，但是理解各个有关方程时需要注意 i，j 的物理含义，而不能弄错。

（2）二维的降水与蒸发方程

二维的连续自变量情况下的降水方程是如下的二重积分，它覆盖了地球的每个经纬度元面积。

$$P(\lambda,\varphi) = \int_{v=-90}^{90}\int_{u=0}^{360} E(u,v)D(u,v,\lambda,\varphi)\,\mathrm{d}u\mathrm{d}v \tag{4.33}$$

这个公式表明地球各地的蒸发量对（λ，φ）处的降水量的贡献。它对于地球上的任何经纬度（λ，φ）位置都适用。这个公式联系着世界各地的降水与蒸发的关系，它们是具体通过水分辐散函数和对应的二重积分而联系到一起的。

二维的连续自变量情况下的蒸发方程是如下的二重积分，它覆盖了地球的每个经纬度元面积。

$$E(\lambda,\varphi) = \int_{v=-90}^{90}\int_{u=0}^{360} P(u,v)C(\lambda,\varphi,u,v)\,\mathrm{d}u\mathrm{d}v \tag{4.34}$$

这个蒸发方程对于地球上的任何经纬度（λ，φ）位置都适用。这个公式是世界各地的降水量与蒸发量的又一个需要满足的关系。

（3）水分循环的速度

地球的水分主要集中在海洋和极地冰川里。空中水只是它们的十万分之一。但是海洋和极地冰川里的水分常年变化不多，而空中水却来去匆匆，十分“勤奋”。积极参加水分循环是空中水的重要特征。

所谓空中的水分循环，就是海洋、冰雪、陆地和植被等地球固体、液体表面（下垫面）具有的水分以蒸发的形式变成气体状态的水汽而进入大气，而这些水汽再变成云、一部分云变成雨雪再返回地面的循环过程（一部分的云也会再返回水汽状态）。

如果没有这个空中的水分循环，大陆就没有降水，地球上多数的生物都无法生存。空中水循环把水分从甲地蒸发带到乙地降落，空中水形成的降水使地球各地生机勃勃。没有降水也就没有河流。

年降水量 R 的全球平均值是描述地球上空中水的水分循环强度的一个重要特征量。它的数值大约是每年 1 m 厚的降水深度（气象学里称为年降水量 1000 mm）。

要在水分循环的过程中保持空中水不减少，就自然要求降水量等于蒸发量。于是有全球水分平衡方程

$$R = E$$

即下垫面一年的平均蒸发量 E 也是每年 1 m。这就是水分在循环过程中要在总体数量上保持平衡。空中水分循环概念突出了水分的状态变化、运动和与下垫面的交换，而水分平衡概念进一步明确，进入大气和从空中析出的水分的量基本相等。

大气中水分的存在量（水汽或者云或者降水物）与年降水量比值的量纲是时间，它体现了水汽、云或者降水物的“平均存在（滞留）时间”或者称为“平均寿命”“循环周期”。这个数值越小，体现水分循环一次需要的时间越短。

大气的对流层内的氧气、氮气等很多气体所占的比例基本上是不变化的，但是空中水

确实是变化十分快的成分。在各个探空气象站测得的各个高度上的水分的数量固然有着一般的比湿随高度而减少的特点，但是随着降水系统的出现、锋面的存在、近地面逆温层的存在，其比湿、温度露点差随时都有变化。而云、降水的迅速变化，我们在日常生活中早有体会，这些也体现着空中水的变化快的特征。这些变化有时对降水预报有着一定的提示意义。

4.4 雾

4.4.1 雾的分类

雾是水汽凝结物悬浮于大气边界层内，使水平能见度降至 1 km 以下时的天气现象。

雾对人类生产、生活的影响很大，所以很早就成为研究对象。19 世纪末到 20 世纪初，人们对雾的地理分布和形成机制已有初步认识，20 世纪 20 年代，已出现较为完善的雾的发生学分类法，但限于当时的科学水平还不可能对雾的形成机制有比较深入和合理的了解。20 世纪 70 年代，当大气边界层物理学、大气辐射学和计算机技术等相关学科有了很大发展之后，人们对雾的形成和结构的认识才清楚了许多。

因实用的需要，常从不同角度对雾进行分类，如天气学分类法、发生学分类法、温度分类法、相态分类法、地域分类法。

天气学：气团雾和锋面雾（锋前、锋区和锋后三类）。

发生学：辐射雾、平流雾、蒸发雾。

温度：暖雾（温度高于 0 ℃）和冷雾（温度低于 0 ℃）。

相态：水雾、冰雾和冰水混合雾。

地域：海雾、陆雾、海岸雾、湖泊雾、山谷雾、极烟和都市雾等。

上述分类法在不同的情况下各有其用途。发生学分类法用得较多。

4.4.2 雾的形成

（1）辐射雾

辐射雾在陆地上最为多见，大多出现于后半夜，日出后消散，强度大的可持续到午后。辐射雾由地面和大气辐射冷却形成。地面和贴地层空气的辐射降温率可达 10 ℃/h，如果空气湿度大，就会有雾形成。雾形成之后，降温中心将逐渐抬升而位于雾的上部，地面则因雾层覆盖增强了向下辐射而使有效辐射减小，不再降温，甚至因土壤层向上传热而增高其温度，并出现超绝热温度层结。在辐射雾形成过程中，大气湍流促使冷却层和雾层扩大其范围，因此对雾的发展是有利的，但是其强度不能过大，否则因冷却层过厚、降温不大而不利于雾的形成。

既然辐射冷却是形成辐射雾的主要原因，因此凡是有利于辐射冷却的季节、天气系统和地域，都有利于辐射雾的形成。从季节来说，秋、冬二季，昼短夜长，地面和近地层空气净辐射处于负值的时间长，因此有利于辐射雾的形成。从天气系统来说，高压系统内天空晴朗，地面有效辐射强，且因风速不大而可以发展适度的湍流，因此有利于辐射雾的形成。综上所述，大陆上秋、冬二季的高压天气系统内最有利于辐射雾的形成。根据 1956—1979 年的观测资料统计，该地区辐射雾集中于11—12月，其中出现于高压脊中的占66%，高压中心的占18%，其余16%出现于入海高压后部。就地域来说，山谷和盆地是辐射雾的多发区，如云南南部坝子区是我国的多雾区。随着经济和城市的发展及热带雨林的减少，雾日逐年减少。说明城市发展、植物减少、大气污染物增加是城市雾减少的直接原因。山谷雾和盆地雾的形成与山风直接有关，而山风则是山坡和毗邻气层辐射冷却的结果。当冷空气顺着山坡下沉而聚积于谷底时，其上部与暖湿空气混合形成低云（层云）。后由于云层顶部的辐射冷却而使云内部变得不稳定，冷却作用将向下传播，云底随之下降，这种过程如果得到充分发展，云底将最终到达地面而成为雾。

辐射雾的厚度一般为几十米，薄的不到1 m，厚的则好几百米。

（2）平流雾

当暖湿空气移行于冷下垫面时，空气因湍流将热量输送给下垫面而降温，温度低于露点时就有雾的形成。这种由平流冷却而形成的雾称为平流雾。平流雾既发生于海上，也发生于陆地。我国冬季沿海是平流雾的多发区，在此时期，陆地冷而海洋暖，当气流自海洋向陆地运动时，就形成了产生平流雾的良好条件。此外，春夏之交，我国东部海域沿岸海流的温度较低，当活跃的偏南暖湿气流流经这里时，也常产生平流雾。

空气平流冷却的速度决定于气流与下垫面之间的温度差及湍流的强度。温差愈大、湍流愈强，则平流冷却愈强。但湍流过强反而不利于近地层的冷却，因为这时候参与冷却的气层增厚，气温的降低就不显著了，因此平流雾产生时，风速要大小适中，根据我国一些台站的统计，以2 ~7 m/s居多。

与陆上辐射雾相比，海雾的含水量、雾滴尺度都较大，但浓度较小。此外，海雾的厚度也较辐射雾大。

（3）蒸发雾

蒸发雾又称蒸汽雾，在极地称极烟，当冷空气移行在暖水面上时形成。

秋季陆上小水域上的晨雾是夜间陆地上空气辐射冷却后移到暖水面上形成的蒸发雾，又称湖泊雾。河谷地区，夜间坡地上辐射冷却形成的冷空气流至河面生成的河谷雾，沿海陆地或岛屿夜间辐射冷却生成的冷空气以陆风形式移至暖海面上形成的岸滨雾，皆为蒸发雾。尺度更大的蒸发雾是由冬季大陆流出的冷空气到达暖洋面或者海洋极地空气流向中纬暖洋面时产生，其水平范围可达上千千米。蒸发雾在北半球发生于极地以南到热带的广大区域内，海洋西部比东部要多。低纬度雾区局限于沿岸海域，高纬度地带则可远离海岸，如60°N，离岸几百千米的地方，尚可发现蒸发雾的踪迹。

蒸发雾的厚度，薄的不到1 m，厚的可达1500 m，较常见到的约100 m。

蒸发雾的含水量为0.01 ~0.1 g/m^3，一般不超过0.5 g/m^3，它随气温与水温差值增大而增大。

雾的物态与大气气溶胶性质有关。工业污染区，气温低于 -10 ℃左右时，很少有纯水雾，-20 ℃以下全属冰雾，但在空气洁净的地方，虽气温低至 -20 ℃左右，还可观测到水雾。

观测发现，空气湿度和水-气温差是影响蒸发雾形成的两个主要因素。当湿度一定时，水-气温差必须达到一定值才有雾生成，这个温差值称为温差阈值，其值与空气湿度成负相关。理论上，在一定的边值条件下解水汽扩散方程和热量方程所得结果能说明上述观测情况，并且发现：温差阈值随水温增高而增加，还随海水含盐度增加而增加，这是因为含盐越多，其饱和水汽压越小的缘故。

事实上，一次雾的形成，往往不是一个而是两个或多个因素共同作用的结果。例如，平流雾形成过程中，辐射和平流是同时起作用的，不过它们的相对重要性是不同的，并以起主要作用的因素确定雾的性质，所以，平流辐射雾可理解为雾的形成过程中，平流冷却与辐射冷却起了相同的作用。

4.4.3　雾季

王丽萍等（2005）利用中国范围 604 个台站 1961 年 1 月—2000 年 12 月的地面观测雾日资料，统计各月不同级别平均雾日达到的台站数（表 4.3），比较各月雾分布的面积。从中可见，中国秋、冬季雾日较多，≥1 d 的台站数分别占总站数的 62% 和 61%，其次是春季，≥1 d 的台站数占总站数的 54%，夏季雾较少，≥1 d 的台站数占总站数的 52%。全年当中，11、12 月是多雾月，5、6 月是少雾月。为便于分析，选取 1、4、7、10 月的平均雾日图，可以代表冬、春、夏、秋季雾日的地理分布。秋、冬季雾出现在中国中东部和新疆北部，达到 5 d 以上的月雾日主要分布在长江中下游区域和云南、福建地区。春季，主要雾区向东移动至东海岸的浙江、福建。夏季，主要雾区位于东北边境区和渤海海岸区。青藏高原—新疆南部—河西走廊—河套—内蒙古一带广大的区域是全年各月的少雾区。

表 4.3　中国地区各月不同级别雾日的台站数统计

	12 月	1 月	2 月	冬季	3 月	4 月	5 月	春季	6 月	7 月	8 月	夏季	9 月	10 月	11 月	秋季
台站数（≥1 d）	393	370	347	1110	349	335	290	974	278	322	344	944	350	379	396	1125
占比	65%	61%	57%	61%	58%	55%	48%	54%	46%	53%	57%	52%	58%	63%	66%	62%
台站数（≥5 d）	86	60	40	186	45	43	40	128	45	45	53	143	55	69	80	204
占比	14%	10%	7%	10%	7%	7%	7%	7%	7%	7%	9%	8%	9%	11%	13%	11%

中国渤海海岸区冬季雾最少，夏季雾最多；黄海岸区和新疆北部月际变化相似，都呈双峰型，春秋季雾多，冬夏季雾少；东海岸区 3 月雾最多，11 月雾最少；淮河流域各月雾日分布均匀，变化不大。

4.5　雾凇和雨凇

4.5.1　雾凇

雾凇是一种附着于地面物体（如树枝、电线）迎风面上的白色或乳白色不透明冰层。它也是由过冷水滴凝结而成。不过，这些过冷水滴不是从天上掉下来的，而是浮在气流中由风携带来的。这种水滴要比形成雨凇的雨滴小许多，称为雾滴，实际上也就是组成云的云滴。过冷水滴（温度低于零度）碰撞到同样低于冻结温度的物体时便会形成雾凇。当空气中的水蒸气碰上物体马上凝华成固态时便会结成雾凇层或雾凇沉积物。雾凇层由小冰粒构成，在它们之间有气孔，这样便造成典型的白色外表和粒状结构。由于各个过冷水滴的迅速冻结，相邻冰粒之间的内聚力较差，易于从附着物上脱落。被过冷却云环绕的山顶上最容易形成雾凇，它也是屋檐上常见的冰冻形式，在寒冷的天气里泉水、河流、湖泊或池塘附近的蒸发雾也可形成雾凇。

按照雾凇的结构及形成条件，一般将雾凇分为粒状雾凇和晶状雾凇两种。

① 粒状雾凇往往在风速大、气温为 -2 ~ -7 ℃时出现，它是由过冷却的雾滴被风吹过细长的物体时与物体接触迅速冻结而形成的。由于冻结速度很快，因而雾滴仍保持原来的形状，结果便成为由冰粒所组成，附在物体上的像雪一样的凝附物，当它在电线上凝附得太多时，可将电线坠断。

② 晶状雾凇是由冰晶所组成。在雾滴蒸发时，由水汽凝华而成，附在细长的物体上，形如绒毛，稍受震动即易散落的凝附物。它往往在有雾、微风或静稳，温度低于 -15 ℃时出现。由于它密度小、增长速度慢（每小时大约为 1 mm），厚度平均不超过 1 cm，且易被风吹掉，因而一般不易造成灾害。

雾凇可在一天的任何时间形成，一般是在有雾的阴天时形成。严重的雾凇有时会将电线、树木压断，造成损失。但很少有人知道雾凇对自然环境、人类健康所做的贡献。现代都市空气质量的下降是让人担忧的问题，雾凇可是空气的天然“清洁工”。注重保健的人都不会对空气加湿器、负氧离子发生器等感到陌生，雾凇也是天然的“负氧离子发生器”。噪声是现代都市生活给人们带来的一个有害副产品，雾凇还是环境的天然“消音器”。

4.5.2 雨凇

超冷却的降水碰到温度等于或低于 0 ℃的物体表面时所形成玻璃状的透明或无光泽的表面粗糙的冰覆盖层，叫作雨凇，俗称“树挂”，也叫冰凌、树凝，形成雨凇的雨称为冻雨。

雨凇比其他形式的冰粒坚硬、透明而且密度大（0.85 g/cm^3），和雨凇相似的雾凇密度却只有 0.25 g/cm^3。雨凇的结构清晰可辨，表面一般光滑，其横截面呈楔状或椭圆状，它可以发生在水平面上，也可发生在垂直面上，与风向有很大关系，多形成于树木的迎风面上，尖端朝风的来向。根据它们的形态分为梳状雨凇、椭圆状雨凇、匣状雨凇和波状雨凇等。

雨凇和雾凇的形成机制差不多，通常出现在阴天，多为冷雨产生，持续时间一般较长，日变化不明显，昼夜均可产生。雨凇是在特定的天气背景下产生的降水现象。形成雨凇时的典型天气是微寒（0 ~ 3 ℃）且有雨，风力强、雾滴大，多在冷空气与暖空气交锋，而且暖空气势力较强的情况下才会发生。在此期间，江淮流域上空的西北气流和西南气流都很强，地面有冷空气侵入，这时靠近地面一层的空气温度较低（稍低于 0 ℃），1500 ~ 3000 m 上空又有温度高于 0 ℃的暖气流北上，形成一个暖空气层或云层，再往上至 3000 m 以上则是高空大气，温度低于 0 ℃，云层温度往往在 -10 ℃以下，即 2000 m 左右高空，大气温度一般为 0 ℃左右，而 2000 m 以下温度又低于 0 ℃。也就是近地面存在一个逆温层。大气垂直结构呈上下冷、中间暖的状态，自上而下分别为冰晶层、暖层和冷层。

从冰晶层掉下来的雪花通过暖层时融化成雨滴，接着当它进入靠近地面的冷气层时，雨滴便迅速冷却，成为过冷却雨滴（大气中有这样的物理特性：气温在零下几十摄氏度时仍呈液态，被称为“过冷却”水滴，如过冷却雨滴、过冷却雾滴）。形成雨凇的雾滴、水滴均较大，而且凝结的速度也快。由于这些雨滴的直径很小，温度虽然降到 0 ℃以下，但还来不及冻结便掉了下来。

当这些过冷却雨滴降至温度低于 0 ℃的地面及树枝、电线等物体上时，便集聚起来布满物体表面并立即冻结。冻结成毛玻璃状透明或半透明的冰层，使树枝或电线变成粗粗的冰棍，一般外表光滑或略有隆突。有时还边滴淌、边冻结，结成一条条长长的冰柱，就变成了我们所说的“雨凇”。如果雨凇是由非过冷却雨滴降到冷却得很厉害的地面或物体上及雨夹雪凝附和冻结而形成的时候，即由外表非晶体形成的冰层和晶体状结冰共同混合组成，一般这种雨凇很薄而且存在的时间不长。

虽然雨凇使大地银装素裹，晶莹剔透，美轮美奂，风光无限，但雨凇却是一种灾害性天气，不易铲除，破坏性强，它所造成的危害是不容忽视的。

雨凇与地表水的结冰有明显不同，雨凇边降边冻，能立即黏附在裸露物的外表而不流失，形成越来越厚的坚实冰层，从而使物体负重加大，严重的雨凇会压坏树枝、农作物、电线、房屋，妨碍交通。

雨凇最大的危害是使供电线路中断，高压线高高的钢塔在下雪天时可以承受 2 ~ 3 倍的重量，但是如果有雨凇的话，可能会承受 10 ~ 20 倍的电线重量。电线或树枝上出现雨凇时，电线结冰后，遇冷收缩，加上风吹引起的震荡和雨凇重量的影响，能使电线和电话线不胜重荷而被压断，几千米以致几十千米的电线杆成排倾倒，造成输电、通信中断，严重影响当地的工农业生产。历史上许多城市出现过高压线路因为雨凇而成排倒塌的情况。

雨凇也会威胁飞机的飞行安全，飞机在有过冷水滴的云层中飞行时，机翼、螺旋桨会积冰，影响飞机空气动力性能造成失事。因此，为了冬季飞行安全，现代飞机基本都安装有除冰设备。当路面上形成雨凇时，公路交通因地面结冰而受阻，交通事故也因此增多，山区公路上地面积冰也是十分危险的，往往易使汽车滑向悬崖。

由于冰层不断地冻结加厚，常会压断树枝，因此雨凇对林木也会造成严重破坏。坚硬的冰层也能使覆盖在它下面的庄稼糜烂，如果麦田结冰，就会冻断返青的冬小麦，或冻死早春播种的作物幼苗。另外，雨凇还能大面积地破坏幼林、冻伤果树。农牧业和交通运输等方面受到较大程度的损失。严重的冻雨也会把房子压塌，危及人们的生命财产安全。

雨凇造成灾害的可能性与程度都大大超过雾凇，在高纬度地区，雨凇是常出现的灾害性天气现象。消除雨凇灾害的方法，主要是在雨凇出现时采取人工落冰的措施，发动输电线沿线居民不断把电线上的雨凇敲刮干净，并对树木、电网采取支撑措施；在飞机上安装除冰设备或干脆绕开冻雨区域飞行，可部分减轻雨凇带来的危害。

总之，冻雨是冬季的一种低温灾害，为了出行安全，航空、铁路、公路、电力、电信、邮政等部门以及广大民众都应十分重视。

练习题

1. 空中水的三种基本存在形态是什么？
2. 降水强度与降水效率的计算方法是什么？
3. 按照发生学分类法分为几种类型的雾？分别简述几种雾的形成过程。

第5章　降水的分布特征

本章介绍了影响降水分布的因子、世界和中国降水的主要分布特征，并简要介绍了我国干旱和暴雨洪涝的基本情况。

大气降水是地表淡水的主要来源。而人类真正能够利用的淡水是江河湖泊以及地下水中的一部分，仅占地球总水量的0.33%左右，且分布极不均匀。因有蒸发、降水等过程，才使淡水成为可循环的资源。全球平均的大气水分交换周期约为9 d，故能确保淡水资源的补给。但在不同地区，降水量的年际与年内分配不均匀，常常形成旱涝灾害。为此，了解降水量的时空分布规律，了解某个地区的降水类型和特征，对我们学习、研究和开发空中水资源，具有重要的意义。

5.1　影响降水分布的因子

自然界的降水包括两部分：垂直降水和水平降水。垂直降水是指从大气中降落到地面的各种固态或液态水粒子，如雨、雪、霰、雹等；水平降水是大气中的水汽直接在地面或地物表面及低空的凝结物，如霜、露、雾和雾凇等。中国气象局《地面气象观测规范》规定，降水量仅指垂直降水，水平降水不作为降水量处理。

按降水的性质可分为连续性、阵性和间歇性降水。连续性降水持续时间较长，降水强度变化小；阵性降水开始和停止都比较突然，降水强度变化较大；间歇性降水强度时大时小或者时降时停，但变化都较缓慢。

按降水产生的动力学过程可将降水分成三类。

对流性降水。从对流云中产生的降水，通常其强度大、时间短、范围小，常伴有雷电甚至冰雹。如我国夏季午后常出现的热雷雨。

系统性降水。这是与天气扰动（如低压、锋、切变线等）相联系的大范围降水，如锋面雨、台风雨等。

地形性降水。主要由地形抬升所造成的降水，多出现在迎风坡面，如我国台湾北部的阳明山鞍部，1981—2010年的平均年降水量达4892 mm。

降水量一般可划分为7级，见表5.1和表5.2。

表5.1　降雨量等级划分表

降雨量名称	12 h降雨量/mm	24 h降雨量/mm
微量降雨（零星小雨）	<0.1	<0.1

续表

降雨量名称	12 h 降雨量/mm	24 h 降雨量/mm
小雨	0.1～4.9	0.1～9.9
中雨	5.0～14.9	10.0～24.9
大雨	15.0～29.9	25.0～49.9
暴雨	30.0～69.9	50.0～99.9
大暴雨	70.0～139.9	100.0～249.9
特大暴雨	≥140.0	≥250.0

表 5.2　降雪量等级划分表

降雪量名称	12 h 降雪量/mm	24 h 降雪量/mm	积雪深度/cm
微量降雪（零星小雪）	<0.1	<0.1	
小雪	<0.1～0.9	<0.1～2.4	<3.0
中雪	1.0～2.9	2.5～4.9	3.0
大雪	3.0～5.9	5.0～9.9	5.0
暴雪	6.0～9.9	10.0～19.9	8.0
大暴雪	10.0～14.9	20.0～29.9	16.0
特大暴雪	≥15.0	≥30.0	32.0

形成降水需要三个必要条件：充足的水汽供应、气流上升运动使水汽达到过饱和状态、足够的凝结核。在通常情况下，一般不需要考虑凝结核的问题。水汽基本依赖于约占地球上总水量 96.5% 的海洋供给，而大气环流条件决定了水汽的水平运动和垂直运动，距海远近、洋流条件、地形、下垫面性质及人类活动等都影响着陆地降水的空间分布。

5.1.1　距海远近

一般来说，距海较近的地区，受海洋的影响较大，降水较丰富；距海越远，海洋水汽难以到达，降水较少。所以降水分布的普遍规律是沿海多、内陆少，如我国的降水分布规律是从东南沿海向西北内陆递减。

5.1.2　洋流条件

暖洋流有增温增湿的作用，有利于辐合上升运动的产生；冷洋流则使周围区域的大气层结趋于稳定。欧洲的海洋性气候，以及马达加斯加东部、澳大利亚东北部、巴西高原东南等地热带雨林气候的形成均与沿岸暖洋流有关，而厄尔尼诺现象源地一带的秘鲁、厄瓜多尔常年干旱气候的形成则与秘鲁寒流密切相关。

5.1.3　地形

地形因子对降水的影响错综复杂。山脉走向、地形类型、海拔高度、坡向与坡度等都影响着降水的空间分布。

山脉走向对海洋水汽有阻挡作用或引导作用。若山脉走向与海洋水汽来向接近垂直，就会阻挡水汽的进入，使大陆内侧降水明显减少，如北美大陆西部，由于科迪勒拉山系南北纵列，与来自太平洋的湿润西风气流垂直，阻挡了西风的进入，使降水集中在中纬度的西部海岸，中东部地区降水明显减少；而欧洲西部地区呈东西走向的阿尔卑斯山脉，与西风气流来向一致，有利于海洋湿润气流的进入，降水的分布较广泛，温带海洋性气候特征明显。我国西北地区除了深居内陆外，也因为受到山岭的层层阻挡，使海洋水汽难以进入。在我国，东西走向的高大山脉往往是干、湿或湿润与亚湿润气候的分界线，如秦岭、天山山脉。

从较大尺度区域来看，距海不太远的平原地形有利于海洋水汽的进入，降水较丰富，如我国东部的平原地区，欧洲中部和美国中东部平原地区；大盆地由于地形封闭，周围高山环绕，海洋水汽难以进入，降水也不多，如塔里木盆地；高原因地势高，海洋水汽也难以爬上高原面形成降水，所以降水也不多，如东非高原、青藏高原、巴西高原等。

从中小尺度来看，山地降水多于平原、平原多于高山，且山地的迎风坡在一定的高度上降水较多，背风坡较少；许多河谷地带由于地势低，温度高且不易产生辐合上升运动而降水偏少，如云南元谋金沙江干热河谷区。

暖湿气流在运行过程中，如果遇到山脉的阻挡，就会沿着迎风坡上升，在一定的高度上冷却达到过饱和状态，出现凝结降雨，即地形雨。当该气流越过山顶后，在下沉过程中，温度不断升高，饱和水汽含量不断降低，出现干热的天气，即雨影区。例如，南美西南部是偏西风的迎风坡，降水丰富而形成海洋性气候，东南部位于背风坡，降水少，形成独特的沙漠气候。

5.1.4 环流条件

（1）气压带

南北半球都存在着赤道低压带、副热带高压带、副极地低压带和极地高压带。高压带盛行辐散下沉气流，气块在下沉过程中气温不断升高，空气的相对湿度不断降低，难以形成云和降水，因此多晴朗天气。如热带沙漠地区，全年在副热带高压控制之下，盛行下沉气流，炎热干燥；我国长江中下游盛夏的伏旱天气，也是因西太平洋副热带高压而形成。而在低气压控制地区，盛行辐合上升气流，上升冷却容易达到过饱和状态，形成多雨区，如赤道附近大部分地区，全年处于赤道低压带的控制下，终年高温多雨。

（2）风带

全球的风带包括极地东风带、西风带、信风带，对降水影响较大的是西风带和信风带。风带对降水的影响主要表现在将海洋水汽输送到大陆。根据风带与海陆分布的关系，又可以分为迎风岸和背风岸，迎风岸常常受到风带从海洋上带来的水汽的影响，降水较多；而背风岸的降水较少。中纬度的大陆西岸是西风的迎风岸，降水多，如欧洲西部、南北美洲的西部海岸。低纬度的大陆东岸是信风的迎风岸，降水丰富，如马达加斯加东部、澳大利亚东北部、巴西高原东南均为热带雨林气候，而其背风岸则为热带沙漠气候和热带草原气候。若某区域常年处于迎风岸，又有暖洋流经过，则降水较丰富且季节分配较均匀。

（3）季风

在季风气候区，冬夏季风的盛行风向、风速和水汽含量不同，对降水的影响差异明显。若夏季风从海洋吹向陆地，把大量的海洋水汽带到了陆地上，就较易形成降水天气；若冬季风从干、寒的陆地吹向海洋，一般不会形成降水。如东亚季风区，夏季高温多雨，冬季寒冷干燥；而在南亚季风区，在西南季风影响的季节形成雨季，东北季风影响时形成旱季。

(4) 气旋、锋面

在气旋控制下，盛行的是辐合上升气流，常常形成降水，如中纬度地区就多气旋雨，台风也带来大量的降水；在冷暖性质不同的气流交汇地区，往往会形成锋面雨，在锋面附近暖空气上升也会达到过饱和状态，从而形成降水。我国东部地区的降水就是以锋面雨为主。通常，我国南部沿海在4月、5月易形成暖锋降水，长江流域在6月、7月常有准静止锋降水，华北、东北在7月、8月易形成冷锋降水。在副极地也会因为偏东风和偏西风相汇而形成极锋，产生锋面雨。

值得注意的是，行星风带和气压带有冬季往南移、夏季往北移的特征，季风、气旋、锋面活动的季节性特征也相当明显，再加上地理因素影响，使得降水的时空分布变得更加复杂。

5.1.5 下垫面性质

下垫面是指与大气下层直接接触的地球水陆表面，它包括地形、地质、土壤、水体和植被等，是影响气候的重要因素之一。下垫面性质在局部地区主要是通过改变大气中水汽含量、对气流的动力和热力作用等因素来影响降水。若地表植被覆盖率高，或者水面宽广，就会增大蒸发量，空气中湿度增大，从而能增加一定区域范围的降水量。但在中高纬地区距大型水体较近的周边，暖季的空气层结相对较稳定，可导致其年降水略偏少，而其外围一定范围内降水则明显增多。如果地面的植被破坏，水面减少，空气就会变得干燥，可导致降水减少且降水变率大。沿海地区如果海岸曲折且有暖流经过也会增加降水。

5.1.6 人类活动

人类活动主要是通过改变下垫面的状况来影响局地降水的分布，如较大范围地改变植被状况、兴修水利工程、退田还湖、扩大水面和湿地等都将会使空气的湿度增加，有利于增加降水并减小降水变率；反之，乱砍滥伐森林、破坏植被、过度放牧、围湖造田、过度开垦和排干沼泽会使空气湿度减小，降水概率减少，气候的大陆性增强。此外，人工降雨也是在干旱季节增加局部地区降水的有效形式。

事实上，降水的时空分布往往是多个因素共同作用的结果，而各因素间也常常有着相互的作用，使降水分布愈加复杂，如欧洲西部海洋性气候降水特征的形成，就是受到海陆位置、西风带、北大西洋暖流、平原与山脉东西走向、地势、海岸曲折等因素综合作用的结果。我们在分析的时候应找到其主导因素，从综合的角度全面分析，才能弄清某个地区的降水类型和特征。

5.2 世界降水分布

据估计，全球年平均降水量约1000 mm，陆面平均降水量约834 mm。

5.2.1 空间分布

在三圈环流模式（图5.1）下，降水的分布主要决定于大气环流中辐合、辐散区的分布。

此时世界降水呈带状分布，最大降水带出现在赤道低压带区域，在副极地区域为次大降水带；副热带高压带和极地高压带为少雨带。雨带移动的季节性特征也很明显，即冬季往南

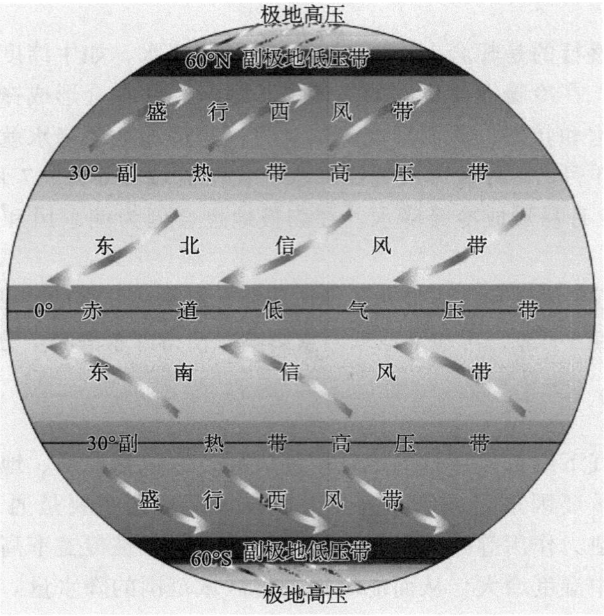

图 5.1　三圈环流示意图

移，夏季往北移。

实际上，由于海陆分布、冷暖洋流及地形、地势等因素的影响，上述理想的带状降水分布受到破坏，特别是在沿海和内陆地区（图 5.2），但世界降水的空间分布仍有规律可循。

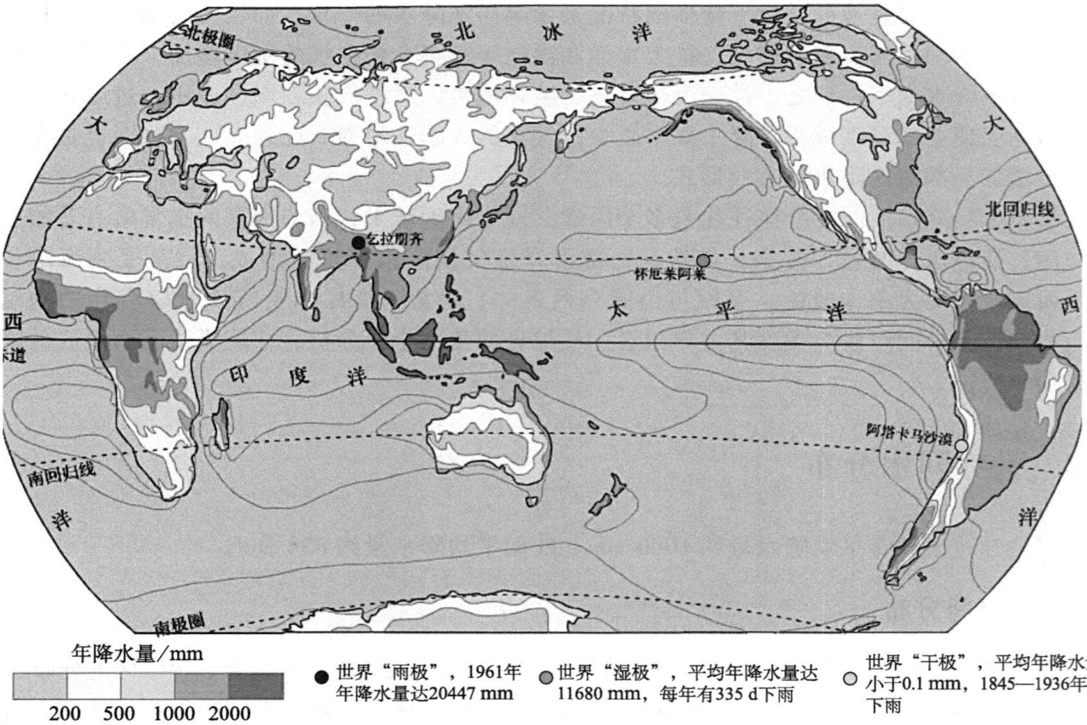

图 5.2　世界年降水量分布示意图

（1）赤道附近地区

由于宽广的洋面提供了大量的水汽，且常年受赤道低压带控制，多辐合上升气流，年降水量一般在 1500 mm 以上。而东非高原位于大陆东部，海拔较高，且冬季处于南半球非洲热低压（图 5.3）的东北部，盛行来自大陆深处干燥的偏北气流，降水很少，夏季盛行的西南风（图 5.4）也来自内陆，导致年降水量不足 500 mm。

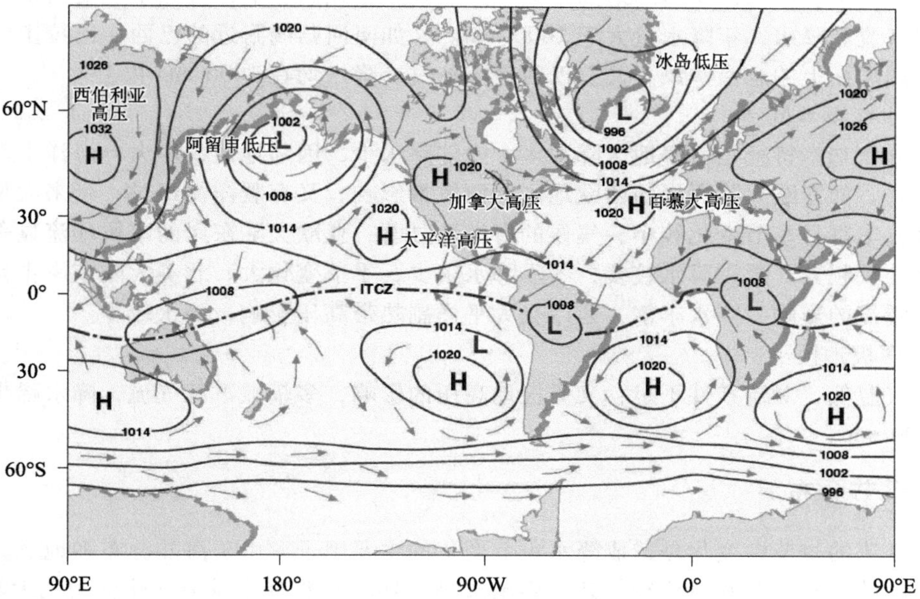

图 5.3　全球 1 月大气活动中心

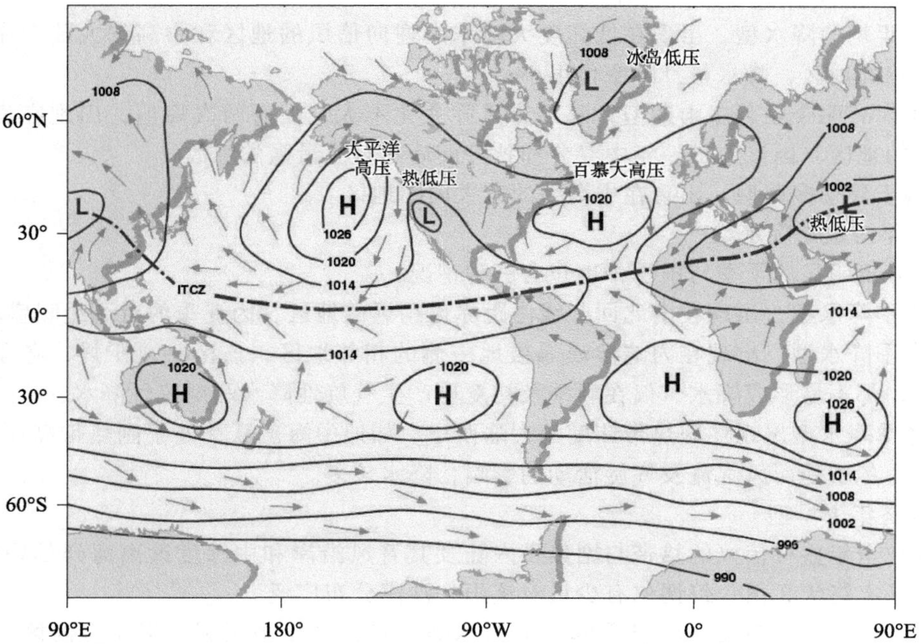

图 5.4　全球 7 月大气活动中心

(2) 南北回归线附近地区

大陆东岸降水多，西岸降水少。西岸地区常年受副热带高气压带或东北（南）信风控制，以辐散下沉气流为主，又有冷洋流经过，即使是在沿海地带也较难形成云雨。如非洲北部、亚洲西部等地区，气流从内陆吹来或远离海洋，降水稀少，年降水量一般不超过 200 mm，自西向东形成了撒哈拉沙漠、阿拉伯半岛沙漠和印度沙漠为主的热带沙漠群。而大陆东岸如东亚地区，夏季受由海洋吹向陆地的东亚季风或南亚季风的影响，且热带气旋活跃，带来大量的暖湿气流和降水，年降水量大于 1000 mm。又如南回归线附近的巴西、巴拉圭一带，盛行来自广阔洋面上的东南季风，又有巴西暖流经过，降水均在 1000 mm 以上。

(3) 中纬度地区

降水分布基本特征是沿海地区降水多，内陆降水少，因陆地面积广大，海洋水汽难以到达大陆深处。如亚欧大陆西岸的西欧地区受西风带影响，又有暖洋流经过，带来大量暖湿气流，降水较丰富且季节变化较小，气候的海洋性显著；亚欧大陆东岸的季风环流显著，气旋和锋面活动较频繁，夏季降水较多，冬季降水很少，季节变化大。北美大陆东岸主要因强大的墨西哥暖流的影响，降水丰富；西岸受太平洋副热带高压影响，降水较少。

(4) 两极地区

由于气温低，对流条件不足，又受极地高压的影响，多辐散下沉气流，降水稀少，降水量不足 200 mm。

5.2.2 季节分布

大气环流的季节性变化是造成降水季节变化的主要因子。由于海陆分布和地形、地势的缘故，实际的降水季节性变化较复杂。盛承禹等（1986）将降水季节变化分为三大类型。

(1) 终年降水型

包含三种情况：

① 终年均匀降水型，出现在低纬度大陆东岸迎向信风的地区和中高纬大陆西岸终年盛行西风影响的地区，降水量月际变化很小；

② 年内有两个显著多雨期型，降水量月际变化不大，但有两次峰值，出现在赤道两侧几个纬度的地区，因该地带一年中春分和秋分前后热对流最强的缘故；

③ 偏于夏季多雨型。出现在中高纬的广大内陆地区。

(2) 年内定期降水型

可区分出明显的干季与雨季，也包含三种情况：

① 夏季降水型，出现在南北回归线内距赤道稍远的地区，因夏季的对流最旺盛；

② 春季降水型，出现在内陆沙漠靠极地一侧的相邻地区，该区盛夏干燥，冬季大陆反气旋盛行，都不易形成降水，仅在春季及初夏可产生气旋性降水和对流性降水；

③ 冬季降水型出现在副热带纬度的大陆西岸，如地中海。夏季处于副热带高压的东侧，稳定少雨；冬季受西风气流及气旋活动的影响，降水较多。

(3) 终年干旱型

出现在全年盛行信风的热带与副热带内陆及其背风沿岸和中纬度远离海洋的内陆腹地。这些地区基本终年无雨，仅偶尔有少量对流雨，沙漠分布广泛。

通常，也可简明扼要地将世界降水分为六类区型：全年多雨区、半年多雨区（年内只区分雨季和旱季）、夏季多雨区、冬季多雨区、全年少雨区、常年湿润区，见表 5.3。

表 5.3 降水季节分配区型

降水区型	主要分布	主要原因	气候类型	典型代表城市
全年多雨区	赤道附近	赤道低气压	热带雨林气候	新加坡
半年多雨区	南北纬 10°—25°地带	行星风带的季节性位移	热带季风气候	曼谷
夏季多雨区	南北纬 30°—40°大陆东岸	夏季风	亚热带季风气候	北京
冬季多雨区	南北纬 30°—40°大陆西岸	冬季受西风控制暖洋流	地中海气候	罗马
全年少雨区	内陆腹地、南北两极、热带沙漠地带	内陆腹地远离海洋、极地高压、副热带高压	温带大陆、热带沙漠气候	开罗
常年湿润区	南北纬 0°—60°大陆西岸	常年受西风控制	温带海洋气候	伦敦

5.3 中国降水分布

据估算，我国陆面年平均降水量约为 630 mm，小于亚洲陆面平均的 740 mm。

我国幅员辽阔，地形、地势复杂，山地、高原占国土面积的 3/4 左右，气候类型的分布多样，由北到南跨越了寒温带、中温带、暖温带、北亚热带、中亚热带、南亚热带、边缘热带、中热带和赤道热带，又有垂直气候落差较大的高原气候带，降水分布极不平衡。我国大部分地区具有明显的季风气候特征，冬夏盛行风向有显著的季节变化，随着季风的进退，降水也有明显的季节性变化。

一地降水的时空分布通常用降水量、降水量季节分布、降水变率、降水日变化、降水日数、最长连续（无）降水日数、降水时数和降水强度等指标来衡量。本节主要介绍我国降水分布的简明情况，不涉及情况较复杂或国内研究相对较薄弱的降水日变化、最长连续（无）降水日数、降水时数、降水强度分布等指标。

5.3.1 年降水量的地理分布

我国年降水量的分布与变化取决于我国大气中的水汽含量、水汽输送量和水汽辐合（辐散）量。多年平均降水量（图 5.5）的主要分布特点大致有四个。

（1）从东南沿海向西北内陆递减

东南沿海大部、台湾大部、云南南部及西部、雅鲁藏布江下游地区年降水量一般在 1600 mm 以上，其中西藏墨脱县的巴昔卡达 4000 mm 以上，台湾的火烧寮高达 6000 mm 以上；长江流域一般为 1000 ~ 1400 mm，江南部分地区可达 1600 mm；秦岭、汉水与淮河流域、辽东半岛为 800 ~ 1000 mm；黄河下游、渭河、海河流域以及东北大兴安岭以东大部分地区为 500 ~ 800 mm；年降水量 400 mm 的等雨量线从大兴安岭伸向西南雅鲁藏布江河谷，黄河上中游及东北大兴安岭以西地区为 200 ~ 400 mm；西北内陆地区年降水量为 100 ~ 200 mm；新疆塔里木盆地、吐鲁番盆地和柴达木盆地不足 50 mm，盆地中心不足 20 mm。

形成上述分布的原因主要是：我国大部分地区属夏季多雨区，而夏季风的强度自南向北、由沿海向内陆递减。

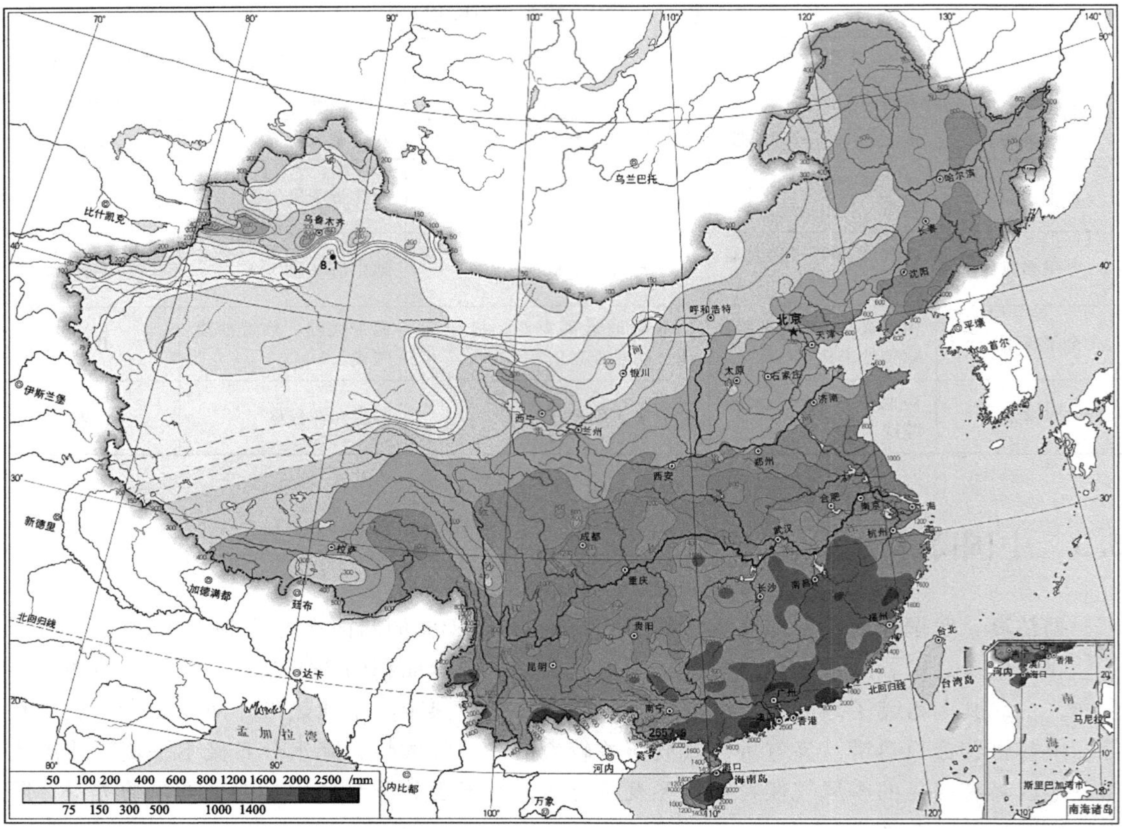

图 5.5　中国年降水量分布（1981—2010 年平均）

（国家气候中心制图）

西北地区深居内陆，夏季东南季风鞭长莫及，西南季风又受阻于青藏高原，其水汽多由输送量较少的西北水汽流带来，使其降水量由西向东减少，且处于天山迎风面的新疆北部降水多于背风面的新疆南部。

（2）山地降水多于平原

由于地形的动力抬升作用，暖湿气流遇山地易成云致雨。例如，广东省中部山地年降水量为 2000 mm 左右，而珠江三角洲年降水量则为 1600 mm 左右；燕山山地年降水量为 700 ~ 800 mm，而河北平原年降水量大多在 600 mm 以下。

山地的迎风坡雨量多于背风坡。如云南南部的江城县年降水量可达 2000 mm 以上，而处于其背风坡的元江县年降水量不足 800 mm。

此外，临海地势越高，自沿海向内陆降水量递减越快。如广西临近北部湾的十万大山东南坡降水量在 2500 mm 以上，其西北方相隔百余千米的龙州县降水量不足 1400 mm。

（3）沿海岛屿降水少于邻近大陆

我国沿海岛屿地区的大气层结常较内陆稳定，对流发展受限制，且近海岛屿面积小，地势较低矮，难以形成地形雨。再者，天气系统在海上移动较快，停留时间短，使沿海岛屿降水少于邻近大陆。如金门岛的年降水量不足福建漳州的 50%，广西涠洲岛的年降水量比北海市少 300 mm 左右。

（4）天气系统活跃地带降水多于邻近地区

气候锋、平均气旋（含热带气旋）路径区域年雨量明显增加，特别是南方气旋和热带气旋活跃地带。

5.3.2　我国雨带的季节性推移

雨带是指与大面积降水区相联系的狭长的云和降水的带状区域。

我国大部分地区属夏季多雨区，雨带的推移取决于夏季风的进退。西太平洋副热带高压（简称副高）是影响我国夏秋季节最重要的天气系统，其位置和强度影响着整个东亚地区水汽输送状况，雨带的南北推移与副高脊线位置的变动基本吻合。在西太平洋副高控制的地区，温度高、空气湿度较大且风速小，因多下沉气流，常常晴朗少云而产生闷热天气。而西太平洋副高北侧是来自海洋的暖湿气流与中纬度南下冷空气的交绥地带，气旋和锋面系统活动频繁，常形成大范围阴雨和暴雨天气，成为我国东部地区的重要降水带，即锋面雨带。该降水带一般位于西太平洋副高脊线以北的 5 ~ 8 个纬距，并随副高做季节性移动。

平均而言，每年 4—5 月，主要雨带位于华南沿海地区，并随着季节的转暖而缓慢向北移动；6 月中旬或下旬，雨带北移至江淮流域附近，使江淮一带进入梅雨期，一般持续到 7 月上旬；此后，雨带北移至黄河流域，而江淮地区则处于副高的控制之下，进入伏旱期。若副高强大、持续时间长，则会出现长时间的酷热、少雨天气，造成严重干旱。副高南侧为东风带，常有东风波、热带风暴甚至台风活动，因此，7 月中旬以后华南地区又一次出现了雨区；7 月底至 8 月初，雨带北移至华北、东北一带达到一年中最北位置，如果副高稳定，江淮地区则持续高温酷暑的伏旱天气；从 8 月底到 9 月上旬开始，雨带随着北方冷空气的逐渐活跃而开始迅速南撤，华北、东北地区雨季最早结束；到了 10 月上旬，雨带退至江南、华南地区，随后退出大陆，结束了以一年为周期的雨带推移活动。

一般地，我国夏季风的来临是缓慢推进，退却较迅速，因此雨带向北推移的持续时间长、速度慢，向南撤退的持续时间短、速度快。华北、东北地区雨季开始较晚（7 月），结束较早（8—9 月），雨季持续时间短；而江南、华南地区雨季开始较早（4—5 月），结束较晚（10 月），雨季持续时间长。

雨带的推移会随着西太平洋副高的异常活动、厄尔尼诺事件或拉尼娜事件等环流异常而产生异常，从而导致我国出现较大范围的气象灾害。如 1998 年，受 20 世纪最强的厄尔尼诺事件影响，副高异常强大，脊线位置持续维持偏南、偏西，并且呈稳定的东北—西南走向。6 月中下旬，副高位置尚属正常，雨带主要位于长江中下游地区；6 月底至 7 月上旬，副高短暂北抬；从 7 月中旬开始，副高反常地突然南退，位置异常偏南、偏西，并持续稳定了一个多月，使长江上中游地区一直处于西南暖湿气流与冷空气交汇处，长江流域降雨频繁、强度大、覆盖范围广、持续时间长，暴雨天气频繁出现，导致长江上中游洪峰迭起。当年，全国共有 29 个省（区、市）遭受了不同程度的洪涝灾害，受灾面积 3.18 亿亩①，成灾面积 1.96 亿亩，受灾人口 2.23 亿，死亡 3004 人，倒塌房屋 685 万间，直接经济损失达 1666 亿元。又如 2009 年秋季，主要是因西太平洋副热带高压强度偏强，位置偏西，588 位势高度线长期控制云南，西南季风偏弱，从而导致从孟加拉湾和南海输送到云南的水汽严重不足，造成云南 2009/2010 年秋冬春连旱，经济损失巨大。

---

① 1 亩≈666.67 m^2。

5.3.3 季节分布

总体来说，我国大部分地区每年10月至次年3月为干季，6—8月为湿季，降水量的季节分配极不均匀。冬季干寒少雨，夏季湿热多雨，淮河以南广大地区及新疆等地春雨多于秋雨，其他地区反之。

① 冬季（12月至次年2月），我国北方地区由于持续受干冷的偏北风控制，干旱少雨，大部分地区降水量在50 mm以下；大于200 mm的高值区主要位于湖南、江西、福建北部和浙江西部山区（图5.6）。

图5.6 中国冬季降水量分布（1981—2010年平均）

（国家气候中心制图）

我国台湾东北部处于冬季风的迎风坡，加之日本暖流的影响，是有名的冬雨区，冬季降水量占全年降水量的25%以上；东北、华北、黄土高原、塔里木盆地及青藏高原的占比不到5%。

② 春季（3—5月），冬季风势力渐弱，夏季风势力逐渐抬头，降水明显比冬季增加，尤其是在长江以南的广大地区，而华南进入了前汛期。降水量50 mm以下的地区主要分布在西北、内蒙古和西藏大部，长江以南的东南部地区基本在300 mm以上，600 mm以上的高值区位于福建、湖南两省交界的山区（图5.7）。

湖南、江西、福建和浙江西部春雨与夏季降水量相当，占全年降水量的35%以上，而西藏除藏东南地区占比可达30%以上外，许多地区不到10%。

③ 夏季（6—8月），夏季风为我国许多地区带来了丰沛的降水。西北大部、内蒙古西部和西藏西部降水量在100 mm以下，西南东部、华中、华南和华东地区在400 mm以上，其余地区在100～400 mm（图5.8）。

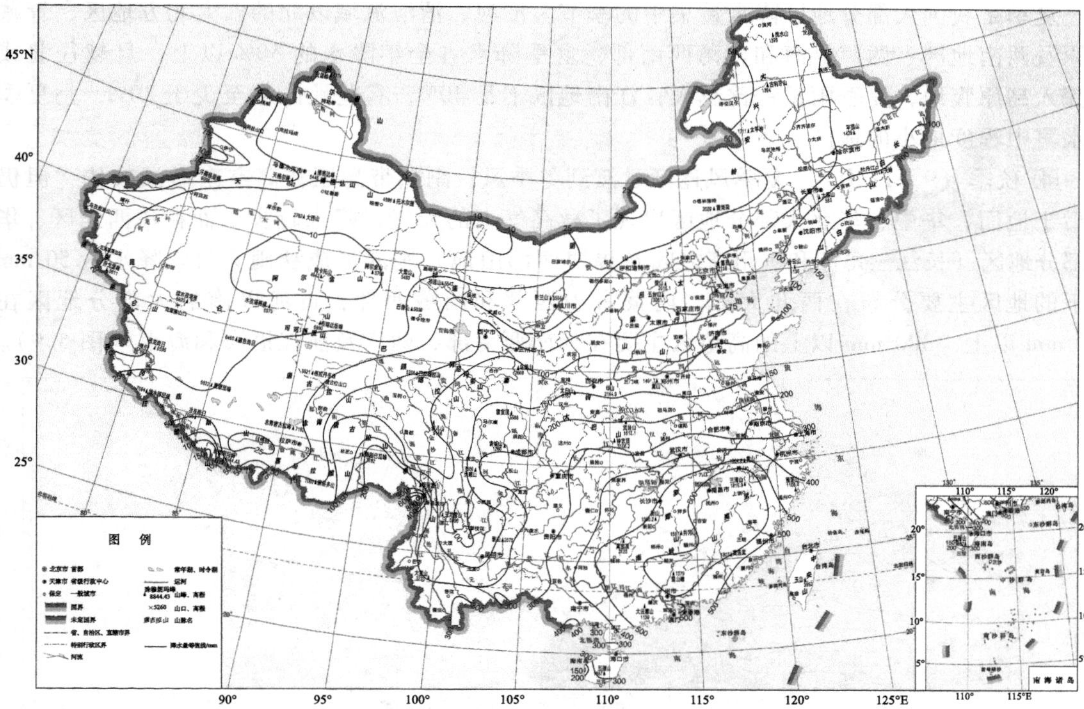

图 5.7　中国春季降水量分布（1981—2010 年平均）

（国家气候中心制图）

图 5.8　中国夏季降水量分布（1981—2010 年平均）

（国家气候中心制图）

夏季是我国大部分地区降水量集中的季节。淮河、渭河流域以北的广大北方地区、青藏高原及西南地区、两广沿海和台湾西南部，夏季降水占全年降水的 50% 以上，且越往北或越深入高原腹地，夏季雨量占比越大；江南地区不足 40%，有些地区甚至少于 30%，是夏季降水集中程度最小的地区。

④ 秋季（9—11 月），夏季风逐渐过渡到冬季风，副热带高压在高空南撤虽较快，但仍落后于地面，华中、华北大部分地区出现了秋高气爽的天气，降水较少。而在华西地区、华东部分地区（长江三角洲和杭州湾之间及福建西部山地）则易形成秋雨天气。降水量 50 mm 以下的地区主要分布在西北大部、内蒙古中西部和西藏西部，黄河以南的大部分地区在 150 mm 以上，300 mm 以上的高值区主要在云南西南部、两广及浙江沿海和海南（图 5.9）。

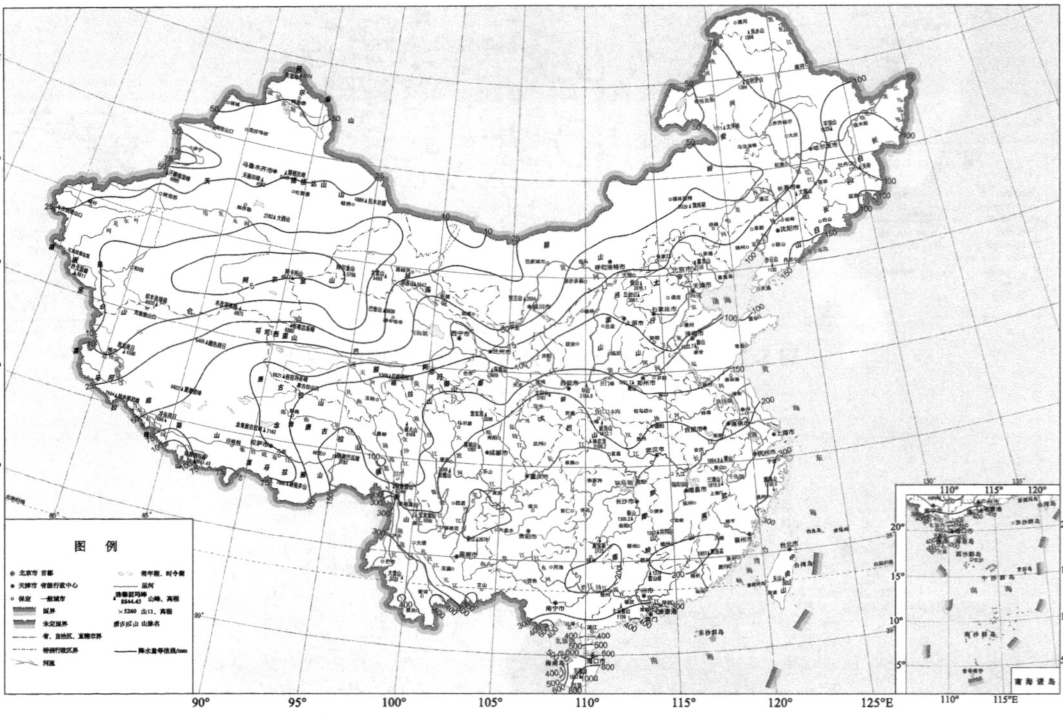

图 5.9　中国秋季降水量分布（1981—2010 年平均）

（国家气候中心制图）

从秋季降水量占全年降水量的百分比看，北自黄土高原南部，南至四川和贵州边界，西及青藏高原东缘，东到大巴山山地，可达 25% 以上；台湾东岸和海南岛因台风影响，也可达 30% 以上；其余地区多不到 20%。

5.3.4　降水变率

降水变率可表明降水量的年（季、月）际变化，分降水绝对变率和降水相对变率两种。

① 降水绝对变率，即某地某时段实际降水量与同期多年平均降水量之差。

$$D = R_i - R \tag{5.1}$$

式中，D 为降水绝对变率，R_i 为第 i 年某时段内实际降水量（$i = 1,2,3,\cdots,n$），R 为同时段内多年的平均降水量。

② 降水相对变率，即降水绝对变率的绝对值与多年平均降水量的百分比。

$$Q = (D/R) \times 100\% \tag{5.2}$$

一般地，降水相对变率比绝对变率更具有说明意义，因此实际应用中降水变率代指降水相对变率。

降水变率的大小可反映降水的稳定性或可靠性。若一地降水丰富、降水变率小，表明水资源利用价值高；降水变率越大，表明降水愈不稳定，往往反映该地区旱涝频率较高。

（1）年降水变率

我国的多年平均年降水变率一般为 10%～50%（图 5.10）。

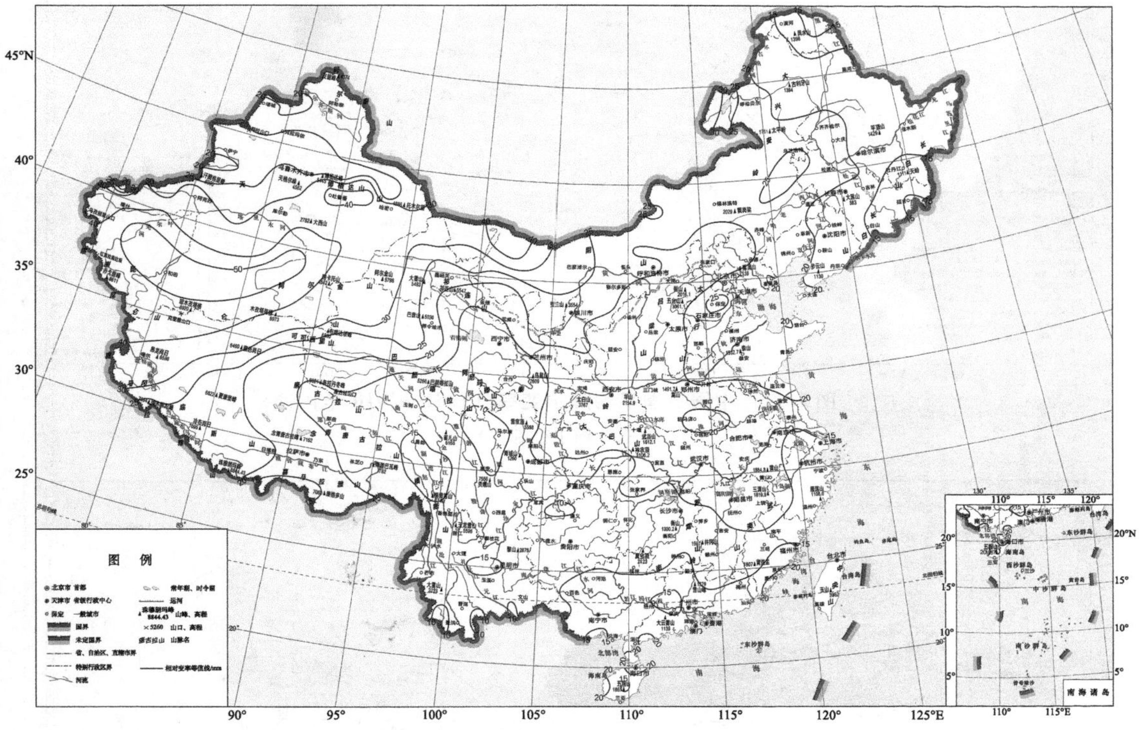

图 5.10　中国年均降水变率（1981—2010 年）

（国家气候中心制图）

通常，我国年降水量丰富的区域年变率小，而年降水量少的区域年变率大，多地降水变率大小主要取决于季风环流的稳定与否。总体上看，一般是北方大于南方、内陆大于沿海、西南季风区小于东亚季风区。受西南季风控制的青藏高原东南部及云南西南部地区变率最小，多地在 10% 以下；江南地区因降水较多，气旋活动频繁，变率也较小；东南沿海、台湾南部及海南岛因台风活跃，变率比江南稍大；夏季风影响边缘地区及西北内陆地区因降水很少，且以阵雨为主，变率大，中心区域超过 50%。

（2）季降水变率

通常，季降水变率明显比年降水变率大。参见图 5.11～图 5.14，新疆南部四季均为高值中心（60%～120%），而四川盆地四季的变率都较小，一般在 30% 以下；各地夏季降水变率均为四季中最小，大致为 15%～60%，大部分地区冬季变率最大，如华南沿海冬季变率可达 50%～60%，京津冀高达 60%～70%。

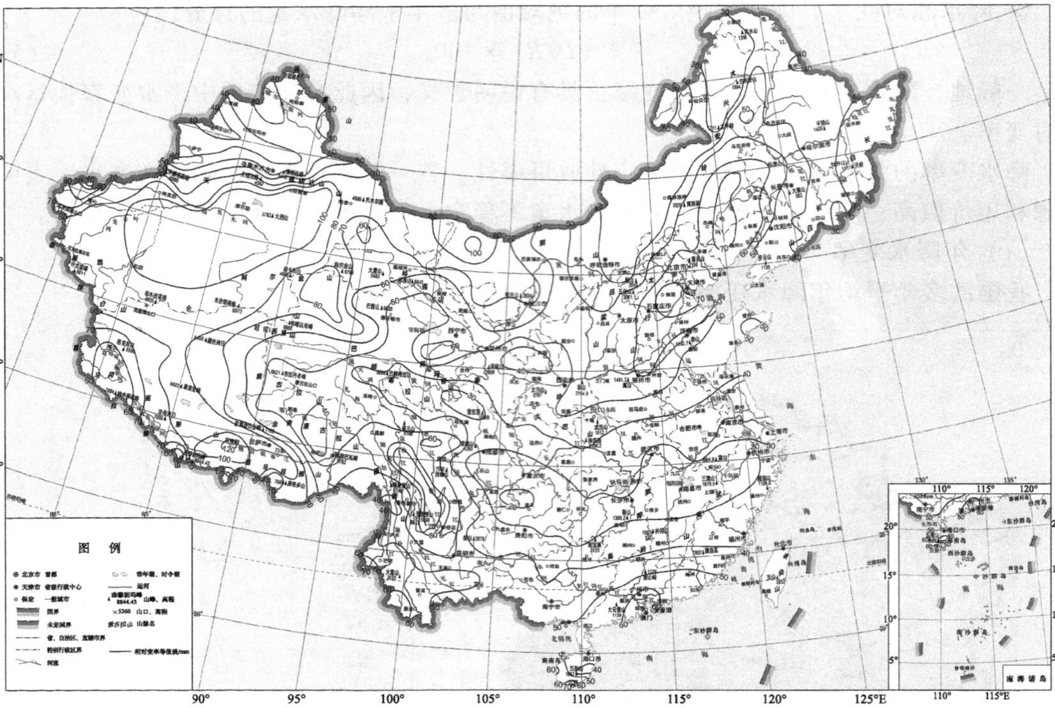

图 5.11　中国冬季平均降水变率（1981—2010 年）

（国家气候中心制图）

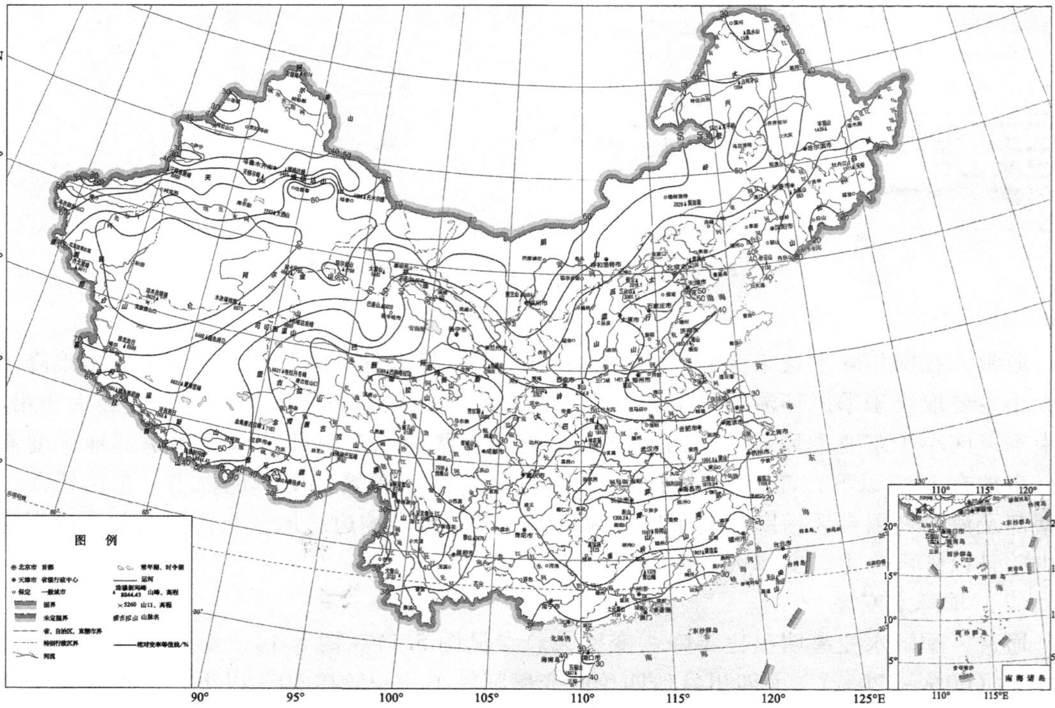

图 5.12　中国春季平均降水变率（1981—2010 年）

（国家气候中心制图）

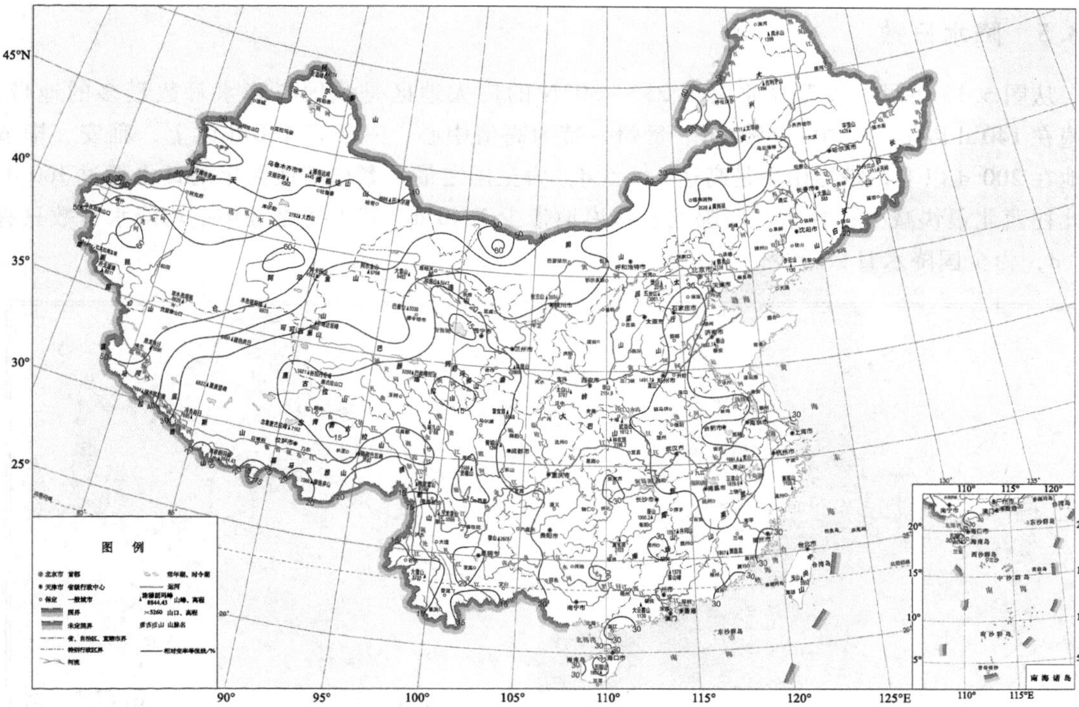

图 5.13　中国夏季平均降水变率（1981—2010 年）

（国家气候中心制图）

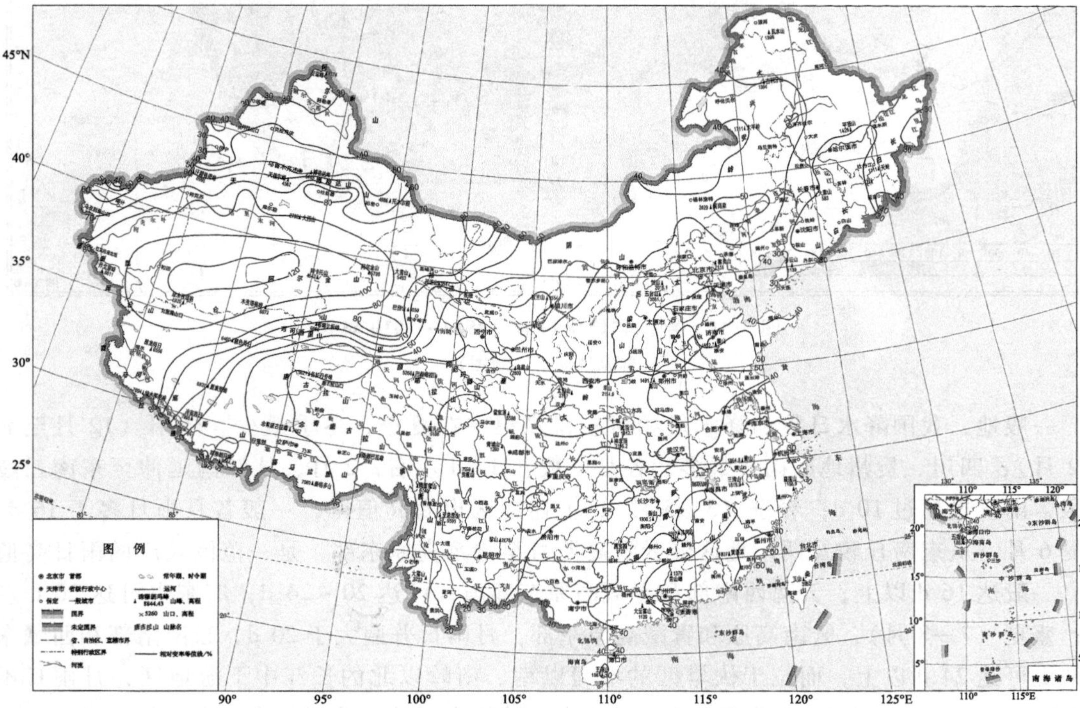

图 5.14　中国秋季平均降水变率（1981—2010 年）

（国家气候中心制图）

5.3.5 降水日数

从图 5.15 可见，青藏高原以东 25°—30°N 的广大地区是我国年降水日数最多的地带，普遍在 140 d 以上。其中，以四川、贵州一带为高值中心，一般在 180 d 以上，雅安、毕节等地在 200 d 以上，峨眉山更是高达 246.5 d，为全国之最；藏东南地区年雨日也超过 160 d，由此往西北很快减少；甘肃、新疆戈壁沙漠地带少于 40 d，其中托克逊年平均降水日数只有 8.7 d，为全国降水日数最少。

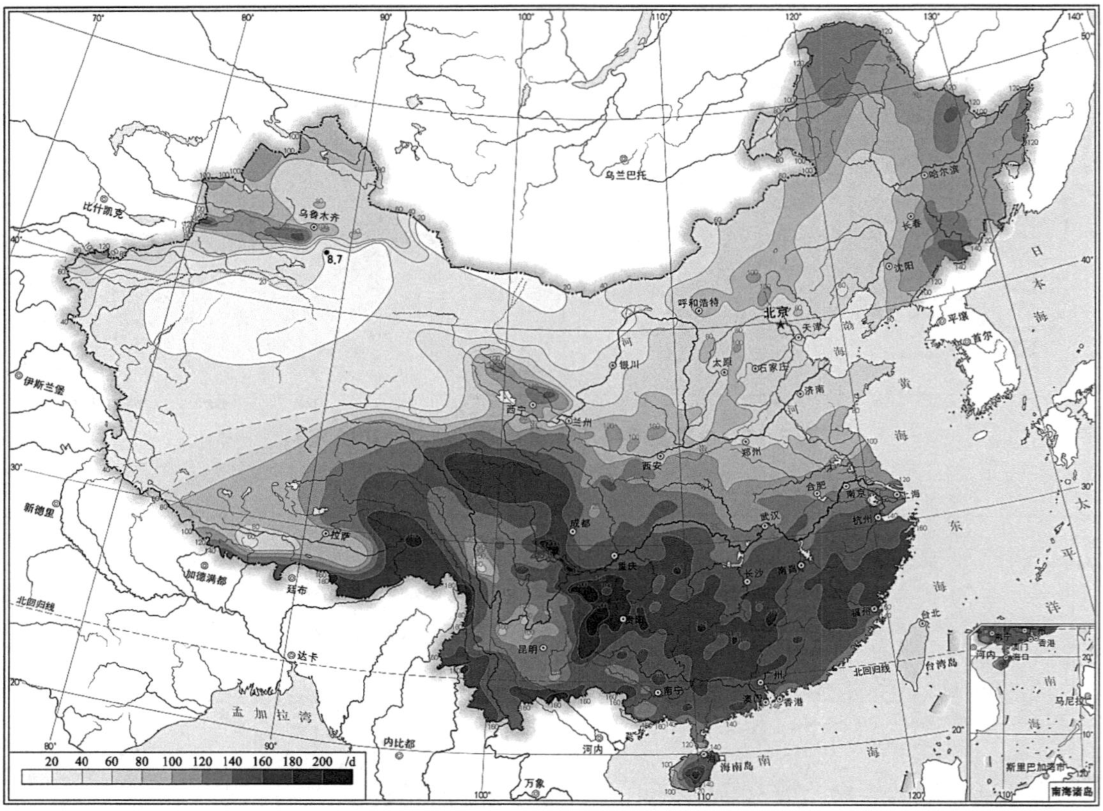

图 5.15 中国年降水日数（1981—2010 年）

（国家气候中心制图）

一般地，我国降水日数和降水量相对应，多集中在夏季，冬季最少。冬季（12 月至翌年 2 月），四川、贵州地区雨日最多，各月一般在 12 d 左右；2 月，从江南延伸至东南丘陵地区，雨日也超过 10 d；春季（3—5 月），上述地区也属高值区，一般各月雨日多于 16 d；初夏 6 月，从东南丘陵及两广地区经云贵高原直至青藏高原东部，是一范围较广的雨日高值区，一般达 16 d 以上，云南西南部和青藏高原东部雨日可达 20 ~ 24 d，广东也可达 20 d 左右；盛夏（7—8 月），云南高原和青藏高原东部，月雨日普遍大于 20 d，云南南部和西藏东南部更可达 24 d 以上，而位于伏旱区的淮河以南、南岭以北的长江中下游地区，月雨日不足 12 d；秋季（9—11 月），华西秋雨区的降水日数为全国的高值区，季降水日数一般在 35 d 以上。

5.3.6　降水分布的变化

根据《第三次气候变化国家评估报告》，1961—2014 年，中国平均年降水量无明显的增减趋势（图 5.16）。

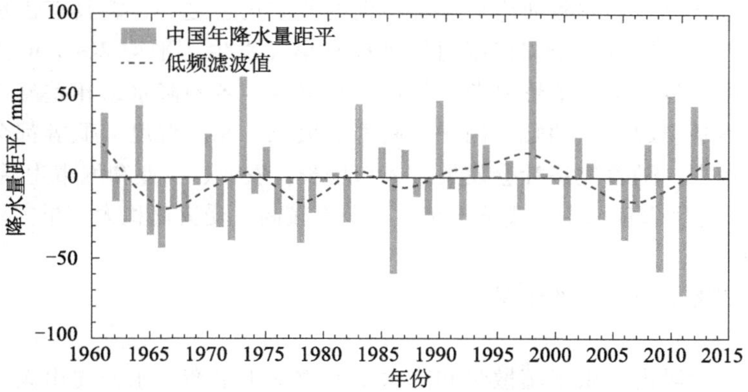

图 5.16　中国平均年降水量距平变化（1961—2014 年）

但 1961—2014 年中国八大区域平均年降水量变化趋势差异显著。青藏地区平均年降水量呈增多趋势，平均每 10 年增加 7.9 mm，2007 年以来降水持续偏多；西南地区平均年降水量呈减少趋势，平均每 10 年减少 16.8 mm；华北、东北、华东、华中、华南和西北地区年降水量无明显线性变化趋势。21 世纪以来，华北、东北和西北地区年降水量波动上升，而华中和西南地区总体处于降水偏少阶段。1961—2014 年，中国平均年雨日数呈减少趋势（图 5.17），平均每 10 年减少约 2.2 d。

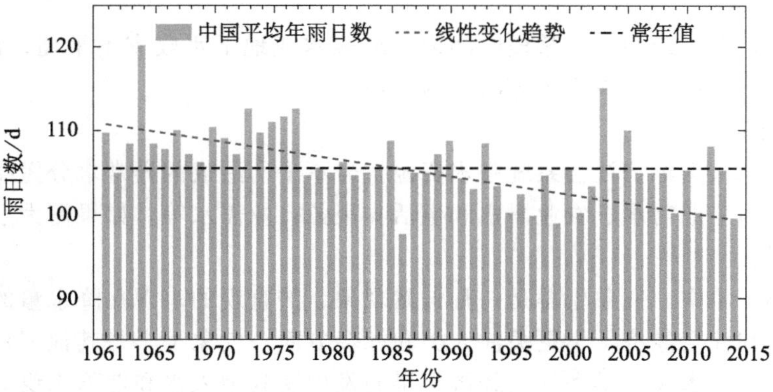

图 5.17　中国平均年雨日数（1961—2014 年）

5.4　干旱与暴雨洪涝

干旱与暴雨洪涝都属降水量时空分布不均的极端情况，历来就是对我国社会经济发展影响最大的自然灾害。我国季风气候是水旱灾害多发和分布广泛的主要原因。因西太平洋副热带高压的影响，当夏季风风力强盛或夏季风来得早、退得晚时易形成涝灾（北涝南旱）；当夏季风风力不足或夏季风来得晚、退得早时易形成旱灾（北旱南涝）。我国独特的阶梯状地形地貌也使我国降水空间分布极不均匀，导致西北多干旱、南方多雨涝的格局，进而会影响我国次一级灾害的发生，而气候变化也会加剧我国降水量分布的时空差异。

5.4.1 干旱

旱灾是我国最常见、对农牧业生产影响最大的气候灾害之一，它具有出现频率高、持续时间长、波及范围广的特点。全国范围内每年都有旱灾发生，平均 2 ~ 3 年就发生一次极为严重的旱灾。我国幅员辽阔，地形复杂，气候类型多样，各地降水量相差悬殊，干旱程度差异很大。但降水不是引起干旱的唯一因子，高温、大风、相对湿度偏低等都会加剧一个地区的干旱状况。近年来，随着经济社会发展，人口增长，农业、工业和城市生活用水急剧增加，加上水环境恶化，可用水量减少，我国干旱发生频率较高，受灾面积大，旱灾呈加重趋势。

1. 干旱定义

我国大致有四类比较通用的干旱定义。

（1）气象干旱

气象干旱指某时段内，由于蒸散量和降水量的收支不平衡，水分支出大于水分收入而造成的水分短缺现象。根据《气象干旱等级》（GB/T 20481—2017），气象干旱可分为无旱、轻旱、中旱、重旱、特旱 5 个等级。

（2）农业干旱

在作物生育期内，由于土壤水分持续不足而造成的作物体内水分亏缺，影响作物正常生长发育，进而导致减产或失收的现象。农业干旱涉及土壤、作物、大气、人类对资源的保护和利用等多方面因素，在各类干旱中最为复杂。我国通常将农作物生长期内因缺水而影响正常生长称为受旱，受旱减产 25% ~ 30% 以上称为成灾。

（3）水文干旱

由于降水的长期短缺而造成某段时间内，地表水或地下水收支不平衡，出现水分短缺，使江河流量、湖泊水位、水库蓄水等减少的现象。

（4）社会经济干旱

由自然系统与人类经济社会系统中水资源供需不平衡造成的异常水分短缺现象。社会对水的需求通常分为工业需水、农业需水和生活与服务行业需水等。如果需大于供，就可能发生社会经济干旱。

在以上四类干旱中，气象干旱是一种自然现象，最直观的表现在降水量的减少，而农业干旱、水文干旱和社会经济干旱更关注人类和社会方面。气象干旱是其他三种类型干旱的基础。由于农业干旱、水文干旱和社会经济干旱的发生受到地表水和地下水供应的影响，其频率小于气象干旱。当气象干旱持续一段时间，就有可能发生农业干旱、水文干旱和社会经济干旱。经常是在气象干旱发生几周后，土壤水分不足导致农作物、草原和牧场受旱才表现出来。几个月的持续气象干旱才导致江河径流减小，以及水库水位、湖泊水位、地下水位下降，出现水文干旱。当水分短缺影响到人类生活或经济需水时，就发生社会经济干旱。地表水与地下水系统水资源供应量受其管理方式的影响，使得降水不足与主要干旱类型的直接联系程度呈现明显差异。例如，在发生气象干旱后，如能及时为农作物提供灌溉，或采取其他农业措施保持土壤水分，满足作物需要，就不会形成农业干旱。但在灌溉设施不完备的地方，气象干旱是引发农业干旱的最重要因素。

干旱与旱灾是两个不同的科学概念。干旱通常指淡水总量少，不足以满足人的生存和经济发展的气候现象，一般是长期的自然现象。而旱灾属于自然灾害，是指某地在某时段内的降水量与其多年平均降水量相比显著偏少，导致经济活动（尤其是农业生产）和人类生活受到较大危害的现象。即使是在通常水量较丰富的地区，也会因一时的气候异常而导致旱灾，如发生在 2010 年的西南大旱。

干旱不一定成灾，旱灾的形成与否，与人类的社会活动和经济活动密切相关。衡量一个地区是否发生旱灾是非常复杂的，它与许多因素有关，如降水、蒸发、气温、土壤底墒、灌溉条件、种植结构、作物不同生育期的抗旱能力以及工业和城市用水等。因而不同地区或同一地区不同时段、不同学科、不同应用领域所定义的各类旱灾不尽相同，衡量旱灾的指标也有区别。

2. 我国气象干旱的分布特征

我国绝大部分地区季节气候差异明显，各地均有干旱发生，干旱时段不尽相同。

（1）时间和空间分布特征

我国一年四季均有干旱发生。据 1961—2006 年资料，华北大部、东北的西南部、华南南部及云贵高原大部等地年干旱发生频率较高，其中华北大部、云南北部及海南西南部等地达 60%～80%；我国其余大部分地区不足 40%；东北中东部、江南部分地区等地年干旱发生频率较低，一般小于 20%（图 5.18）。

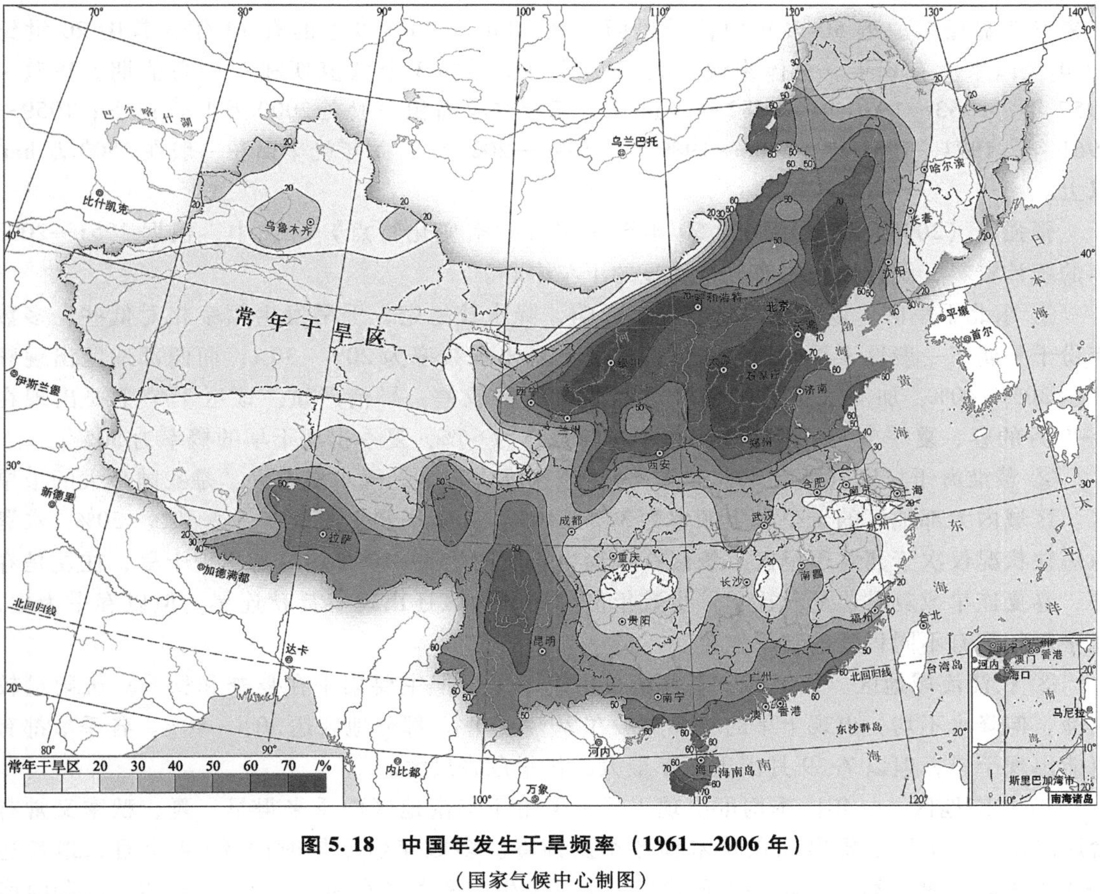

图 5.18　中国年发生干旱频率（1961—2006 年）

（国家气候中心制图）

全国各地皆以冬春旱或春旱发生的概率最大，持续时间最长。春旱主要发生在黄淮流域及其以北地区和西南地区。有的年份春旱可持续到六七月，形成春夏连旱，对农业生产影响严重，如华北地区1962年、1972年、1997年发生的春夏连旱，1965年甚至春夏秋三季连旱，对农业生产造成极大危害。

夏旱通常分为初夏旱和伏旱。初夏旱多发生在北方。伏旱是盛夏“三伏”期间的干旱，多发生在秦岭、淮河以南到华南北部地区，以长江中下游多见。伏旱一般影响不很严重，只有旱情持续到9月、10月或11月，即出现夏秋连旱时危害才比较重。

秋旱多发生在华北、华中和华南地区，对南方晚稻生长影响较大。北方秋旱对作物影响较小，但会对冬小麦播种、出苗不利。

冬旱主要发生在华南和西南东部地区。因为这里冬季仍有作物生长，需水较多，如遇少雨年就会发生冬旱。有的年份干旱持续时间长，冬旱可持续至第二年初春，如1998年11月至1999年4月、2004年10月至2005年4月华南部分地区发生了持续秋冬春三季连旱，对工农业及生活用水等影响很大。西南地区冬春发生连旱时亦可持续4～5个月，有时也发生秋、冬、春三季的连旱，如1959年11月至1960年5月持续了7个月。

受降水的年际及周期波动的影响，干旱发生也存在着阶段性变化。1951年以来，我国干旱受灾面积呈现上升趋势，且逐年之间变化较大。20世纪50—60年代受旱面积小，70年代受旱面积较前两个年代增加了近1倍，80年代干旱受灾面积略有减少，但90年代以来又明显增多。近50多年中，受旱面积在3000万 hm^2 以上的有13年，其中20世纪90年代以来就有6年。总体来说，我国受旱面积存在3个低值期和4个高值期。1951—1957年、1963—1970年、1982—1984年，每年受旱面积一般在2000万 hm^2 以下；1959—1961年、1971—1981年、1986—1989年，1999—2001年，每年受旱面积一般在2500万 hm^2 以上。

张强等（2005）在《中国近50年干旱灾害时空变化特点》一文中，根据1951—2003年的统计资料，统计出我国有五个明显的干旱中心。

① 东北干旱区。该区因常受低气压影响，降水较稳定，干旱发生频率相对低些，多数年份干旱属于一般性干旱。该区域大部地区干旱出现频率为20%～30%，而西部地区出现频率达30%～40%，加上水土流失较严重和灌溉条件较差，旱情严重。该区干旱主要出现在4—8月的春、夏季节，一般春季出现干旱的概率为66%，夏季出现干旱的概率为50%。

② 黄淮海干旱区（西北东部和华北）。该区降水较少，降水变率大，是我国最大的干旱区。区域内大部地区的干旱发生频率为30%～40%，其中华北平原最多，达40%～50%，水资源短缺状况仅次于西北干旱区。该区在作物生长期间的3—10月均可能出现干旱，往往是春旱、春夏连旱或夏旱、夏秋连旱，少数年份的局部地区还出现春夏秋连旱，但以春旱为主，几乎每年都有不同程度的春旱发生。

③ 长江流域地区。该区3—11月均可出现干旱，但主要集中在夏季和秋季。虽雨量较丰沛，但降水不均，出现干旱的频率一般在20%～30%，部分地区达30%～40%。各季节都有可能出现干旱，但以7—9月出现概率最大，伏旱危害最大。

④ 华南地区。一年四季均可出现干旱，但由于华南地区雨季来得早，夏、秋季又常有台风降水，故干旱主要出现在秋末和冬季及前春。多数年份干旱时间3～4个月，最长达7～8个月。近些年秋旱有增多加重趋势。干旱发生频率大多在40%～60%，雷州半岛和海南

西部达 40%～60%，几乎每年都有不同程度和范围的干旱出现。

⑤ 西南地区。本区干旱主要发生在冬半年，干旱一般从上一年的 10 月或 11 月开始，到下一年的 4 月或 5 月，个别年份的局部地区持续到 6 月。四川盆地干旱出现频率一般达 30%～40%，部分地区达 40%～50%。云南是全国干旱发生频率最高的地区之一，其平均干旱发生频率为 72%。由于该区域是我国水资源较丰富的地区之一，故干旱对农业的影响较华北、西北小。

（2）中国气象干旱特征的变化趋势

① 区域性气象干旱事件略增。据《第三次气候变化国家评估报告》，1961—2014 年，我国区域性气象干旱事件频次呈弱的上升趋势（图 5.19），且年代际变化明显：20 世纪 70 年代后期至 80 年代干旱事件偏多，90 年代至 21 世纪初偏少，2003 年以来总体偏多，近年来西南地区冬春季气象干旱尤为频繁。

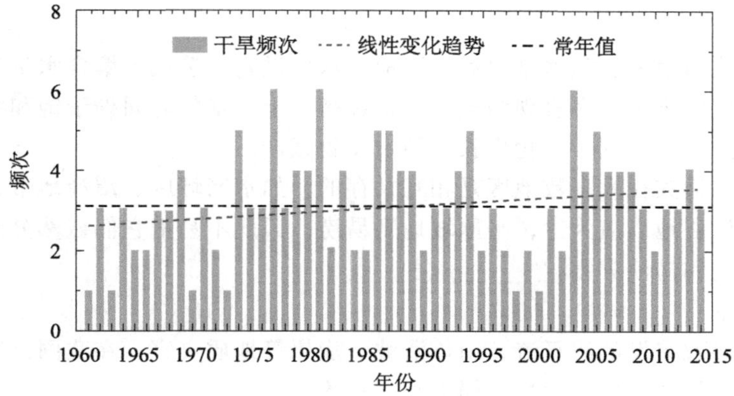

图 5.19　中国区域性气象干旱事件频次变化（1961—2014 年）

② 旱情加重，受灾面积扩大。过去，我国旱灾高发的区域主要在干旱缺水的北方地区，特别是西北地区。近年来，在传统的北方旱区旱情加重的同时，南方和东部多雨区旱情也在扩展和加重。与此同时，旱灾影响范围已由传统的农业扩展到工业、城市、生态等领域，工农业争水、城乡争水、过度开采地下水和挤占生态用水现象越来越严重。

③ 持续时间有变长的趋势。过去，北方地区主要以冬春旱为主，近些年已经呈现出连季干旱、连年干旱的趋势。例如，1997—2000 年北方大部分地区持续 3 年严重干旱；2004 年秋季至 2007 年夏季，甘肃东北部持续 3 年干旱；2006 年夏季至 2007 年春季，重庆、四川遭受百年不遇的夏秋冬春四季连旱；2008 年冬季至 2009 年春季，北方冬麦区严重干旱。种种迹象表明，旱灾持续的过程有拉长的趋势。

5.4.2　暴雨洪涝

长时间的暴雨容易造成洪涝灾害。我国大约 2/3 的国土都易遭受不同程度和不同类型的洪涝灾害。年降水量较多，且 60%～80% 的降水集中在 6—9 月的东部地区，常常发生暴雨洪涝灾害。2000—2010 年，平均每年农业受灾面积达 1057.9 万 hm^2，年均直接经济损失达 989.15 亿元。

1. 暴雨的定义

暴雨是指短时间内产生强降雨（24 h 降雨量≥50 mm）的天气现象。根据《降水量等级》（GB/T 28592—2012），暴雨按累积降雨时间有两种划分规定。

需要特别指出的是，不能简单地将暴雨等同于灾害性天气。暴雨不一定成灾，因为灾害应兼具自然属性和社会经济属性。

2. 暴雨成灾的形式

（1）洪灾

洪灾是指暴雨引起山洪暴发、河流暴涨漫溢或堤防溃决，形成洪水泛滥造成的灾害。洪水可以破坏各种基础设施，淹死（伤）人畜，对农业和工业生产造成毁灭性破坏。

（2）涝灾

涝灾一般是指本地降雨过多，或上游洪水的侵袭，造成地表积水，不能及时向外排泄而形成的灾害，多表现为地面受淹，农作物歉收。涝灾一般对农作物影响很大。

（3）渍灾

渍灾主要是指当地地表积水排出后，因地下水位过高，造成土壤含水量过多，土壤长时间通气不畅而形成的灾害，多表现为地下水位过高，土壤水长时间处于饱和状态，导致作物根系活动层水分过多，不利于作物生长，使农作物减产。

实际上涝灾和渍灾在大多数地区是相互共存的，如水网圩区、沼泽地带、平原洼地等既易涝又易渍。山区谷地以渍为主，平原坡地则易涝，因此不易把它们截然分清，一般把易涝易渍形成的灾害统称涝渍灾害。

（4）地质灾害

暴雨过程可导致突发的泥石流、山体滑坡、崩塌等地质灾害。在我国，连阴雨加暴雨或区域暴雨过程最容易诱发山体滑坡、崩塌和泥石流。

3. 我国暴雨的分布特征

我国地域辽阔，地形复杂，大部分地区受夏季风影响，5—10 月雨量占正常年降水量的60%～90%，多数地区的暴雨主要出现在夏季。由于我国降水的时空分布非常不均匀，使暴雨的地域性和时间性特征不够清晰。

（1）时间和空间分布特征

如图 5.20 所示，我国年均暴雨日数在 1 d 以上地区的面积不及国土面积的一半，华南大部及江西等地高达 5～10 d，西部地区仅偶有暴雨发生。总体而言，我国暴雨日的分布较明显的特征是：从东南沿海向西北内陆减少，华南地区暴雨日数最多且四季均可能发生暴雨，西北地区除陕西、甘肃外，几乎无暴雨；受夏季风影响，夏季多而冬季少；地形复杂多变的地区多于地形平缓的地区，山地的夏季迎风坡多于背风坡。

我国冬季暴雨局限在华南沿海，4—6 月华南地区暴雨频发。6—7 月长江中下游常有持续性暴雨出现，历时长、面积广、暴雨量也大。7—8 月是北方各省的主要暴雨季节，暴雨强度大。夏秋之后，东海和南海台风暴雨活跃，且雨量大。夏季暴雨多发生在华南、长江中下游、四川中东部、黄淮和华北东部，春季和秋季我国暴雨发生区域和频率远不如夏季。多数地区暴雨日数的年际变化较大，且夏季暴雨年代际变化明显，从 1961—2000 年统计资料看，长江流域暴雨日在 20 世纪 70 年代末增加，80 年代末又有一次显著增加；华南暴雨在 70、80 年代偏少，60、90 年代偏多；华北暴雨从 1980 年开始一直偏少；四川盆地西部从

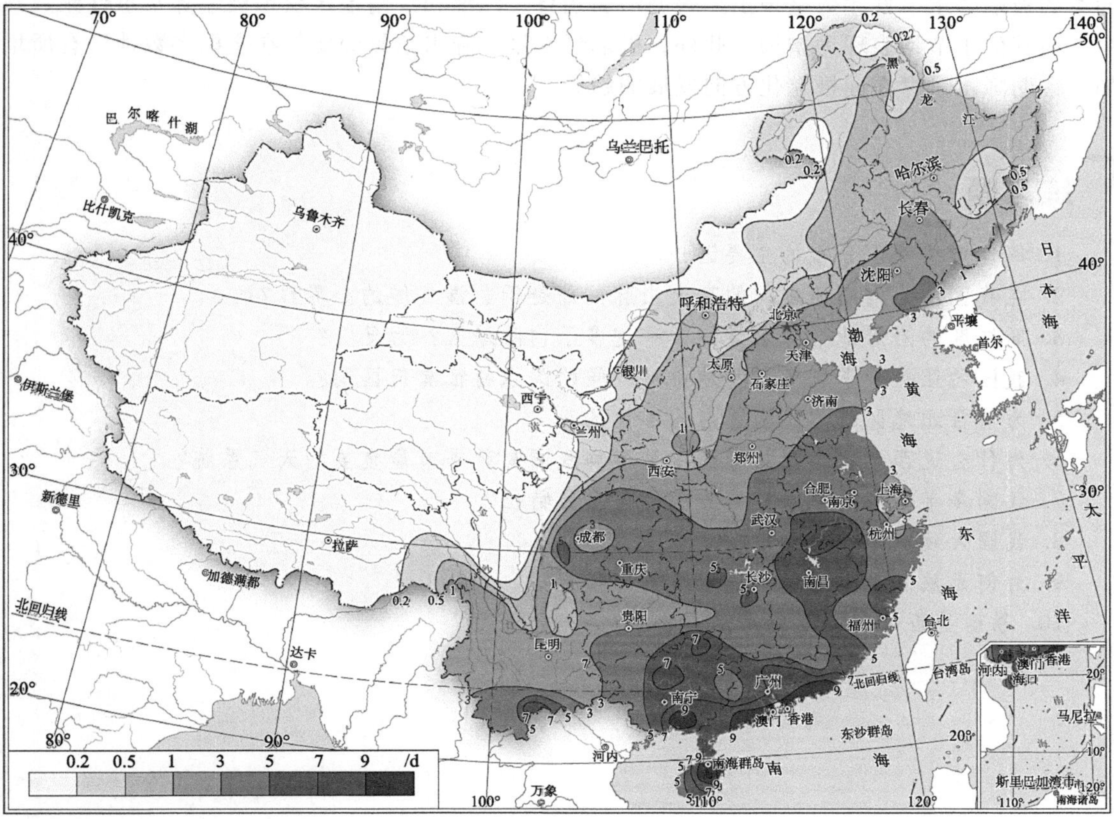

图 5.20　中国多年平均年暴雨日数（1961—2006 年）

（国家气候中心制图）

1987—2000 年暴雨大幅减少，但 2000 年后明显增加。

（2）暴雨分布特征的变化趋势

据《第三次气候变化国家评估报告》，1961—2014 年，中国年累计暴雨站日数呈增加趋势（图 5.21），平均每 10 年约增加 3.6%。

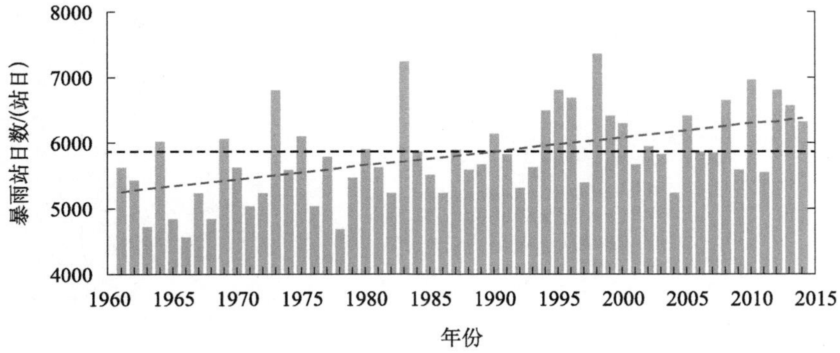

图 5.21　中国平均年暴雨站日数（1961—2014 年）

此外，国家气候中心对季节极端降水变化的研究表明，20 世纪 60 年代以来，西部地区四季的极端降水事件频数呈现出显著的增加趋势；江淮和华南地区秋季极端降水事件频数减少，而其他季节均表现为增加。此外，极端降水量与降水总量的比值在全国多数地区有所增加，说明降水量存在向极端化方向发展的趋势。

练习题

1. 简述影响降水分布的主要因子。
2. 在我国，为何东西走向的高大山脉往往是干、湿气候的分界线？
3. 同纬度的沿海地区降水量是否一定多于内陆地区？为什么？
4. 我国的亚热带季风气候和地中海气候的降水特征有何区别？
5. 为何台北地区成为我国著名的冬雨区？
6. 为什么说西太平洋副热带高压是影响我国夏秋季节最重要的天气系统？
7. 我国多年平均年降水日数分布有何主要特征？
8. 我国大致有哪四类干旱？
9. 为何无法制定全国统一的干旱灾害指标？
10. 暴雨是否一定会形成洪涝灾害？

第 6 章　蒸发与水分循环

空中水都是来自下垫面（海洋、陆地）的水分蒸发。空中水又以降水（雨、雪、冰雹）的形式返回下垫面而形成全球的水分循环。本章对不同地点的蒸发（降水）对各地的降水（蒸发）的贡献给出了在水分平衡要求下的理论公式与计算个例。

6.1　下垫面的水分蒸发是空中水的来源

空中水是不断更新循环的，它依靠下垫面（海洋、陆地、植被……）的水分蒸发变成空中的水蒸气而不断获得补充；然后再以凝结为雨滴、雪花、冰雹等不同形态的降水物而离开空中落地。“默默无声”的蒸发过程就是空中水的产生过程。

只要空气里的相对湿度没有达到 100%，它就可以从下垫面获得水分的补充。观测表明，下垫面附近的大气相对湿度很难达到饱和（100%），而下垫面一般都含有水分，它在近地面形成的水汽压力比未饱和的空气中的水汽压力要大，从而使下垫面的水分蒸发进入空中，补充了空中水。这种自发的蒸发过程在地球的绝大部分下垫面上进行着。在降水强度很大的地区和被浓雾笼罩的地区一般认为空气的湿度已经饱和，那里没有蒸发过程。在海洋上或者潮湿的地方如果日光充足，蒸发补给空气大气的水分多，而沙漠地区蒸发到空中的水汽极少。

下垫面的水分一般都溶有杂质，如海水就含有盐分，蒸发过程则把溶解在水中的杂质留存在下垫面。所以下垫面水分蒸发过程也是大自然提炼淡（净）水的过程。

6.2　蒸发的观测与估算

洒在水泥地面上的水在阳光下很快就干了。这些水作为物质不是消失了，而是蒸发变成水汽到空气中了。为了知道不同地点有多少水分蒸发到空气中，就需要测量其蒸发的量——蒸发量。

所谓蒸发量，就是在一定的自然条件下，在单位时间（它通常是 1 天、1 个月、1 年）下垫面有多少固体、液体的水变成水汽。它的计量单位通常为 1 天蒸发的水层厚度（mm），而月、年蒸发量自然是每日蒸发量对应的合计值。

小型蒸发器是测量蒸发量的设备，它是直径 20 cm、高度为 10 cm 的金属圆筒。预先把它装入一定数量的水分，放到自然环境里（气象观测场，离地面 70 cm），24 h 以后测量圆筒内水分减少的厚度也就是一天的蒸发量（如果有自然降水需要扣除降水量）。这就是曾经沿用多年的所谓用小型蒸发器来测量蒸发的方法。

然而，分析发现，蒸发器的面积越小，测量到的蒸发量越大。小型蒸发器的一系列缺点使气象站逐步改用截面积达到3000 cm^2 的 E-601B 型蒸发器（图 6.1）。其获得的蒸发量在我国北方仅是小型蒸发器蒸发量的 50%～60%。

(a)　　　　(b)

图 6.1　小型蒸发皿（a）和 E-601B 型蒸发器（b）

全国各个省份的每个气象站，每天都进行一次蒸发量测量，并且坚持多年，于是我们就知道了各地、各季以及多年平均的蒸发量了。利用这些蒸发数据，就可以绘制出全世界、全国、各省份的蒸发量地理分布图。

这样获得的蒸发量虽然是自然环境下的蒸发量，但是蒸发器的材料、大小等因素都影响着它测量的蒸发量。另外，蒸发器里的水分是人为预先给的，所以它仅代表了当地很潮湿情况下的蒸发量。如果当地干旱，蒸发器测量的蒸发量就不能代表自然界的真实情况。这些都是蒸发测量中的难题。

一个气象站的温度数据可以大致代表方圆数十千米范围的温度，但是气象站小型蒸发皿的蒸发量难以代表沙漠、草场、农田、森林、城市、湖泊等不同下垫面的自然蒸发。所以在使用气象站的蒸发量数据时需要十分慎重。

蒸发量不仅与下垫面状况有关，也与地面附近的风力、空气湿度等一些气象参数的大小有关。于是科技工作者也提出了一些半经验、半理论的公式去计算当地在湿润条件下的蒸发量。彭曼公式就是计算月蒸发量的一个经常引用的公式。

6.3　蒸发能力与自然蒸发量

自然条件下的实际蒸发量很难求得，而气象、水文部门测量的所谓蒸发量实际代表了当地如果有充分水分供应的湿润条件下的蒸发能力。它并不说明当地自然条件的真正蒸发量。而水文学所关心的是当地自然条件下实际的蒸发量。

因此，把气象部门测量到的蒸发量称为当地的“蒸发能力”更合适。目前很多科技文章引述气象站的蒸发量数据，误以为当地真的每年或者每月有这么多的水分蒸发，这是一个很大的误解。有的文献说沙漠里的蒸发量大得惊人，而实际情况是那里没有水分可以蒸发，其自然蒸发量为零。

自然界的实际蒸发量并不是一个孤立的数据，它需要与其他的水分数据保持动态平衡。

从空中水的角度分析一个阶段（如 10 d 或者更长）的全球蒸发量必须与全球降水量相等，否则空中水就太多，或者变成零了。这些都不符合空中水观测的事实。

从一个流域来说，其多年平均的降水量、蒸发量需要与它形成的径流量（流出的河水与地下水）基本平衡。沙漠地区的自然蒸发量过大的“认识”违背了水文学的基本原理。

气象部门根据蒸发量观测数据就可以绘制一个地区（如中国）的年“蒸发量”分布图。但是这种图所表达的是各地的蒸发能力的地理分布。

一个流域的多年平均降水量（R）、蒸发量（E）、径流量（F）应当平衡，即

$$R = E + F \tag{6.1}$$

这个公式体现了水分的物质守恒定律。如果本流域可以产生向外输出的径流（$F>0$），其蒸发量不可能大于降水量。于是就绘出了布局完全不同的蒸发量分布图。区分蒸发能力（及其分布图）与自然蒸发量（及其分布图）是科学分析蒸发问题的前提。

6.4　水分循环的概念

物质守恒定律是物理学的基本规律，把它用到地球的水科学中，就是空中水、地表水、海洋水、地下水的总量是不增加也不能丢失的。我们每天看到“来去匆匆”的云、断续的雨雪、滔滔的河水、冒出来的地下水等都是水分运动的局部现象。实际上，不同水体是在不停地转化着，而不同形态水体的总量却在转化中不增加也不丢失。由空中水、地表水、地下水和生物水等这些不同形态的水体都参加的水分不停地互相转化活动，就是地球上的水分循环过程。水分循环过程主要包括：下垫面（包括海洋）的水分进入大气的蒸发过程，这其中经过植物体的水分蒸发称为蒸腾；空中水在大气的带领下的运动过程（水分被输送到远方）以及空中水汽相对于空气的运动过程；空中水转化为云的过程（水汽变成液体云滴或者固体冰晶）；一部分云再变成水汽的蒸发过程；一部分云变成雨、雪、雹等而返回下垫面的降水过程；落到地面的降水（地表面与土壤的水分）变成土壤水、河水和地下水的过程；一部分河水、地下水流入湖泊、绿洲与海洋的过程。

水分循环是不同形态的地球水体（空中水、地表水、海水、地下水）都参与的综合过程；水分循环过程的全面分析研究涉及气象学、海洋学、陆地水文学、生态学和水文地质学。每年卷入水分循环的水分不足地球总水量的千分之一，但是它却是形成地球表层生态环境最重要的因素之一，它为生物提供了淡水资源，使地球表层生机勃勃。

水分为什么会发生循环现象？表 6.1 说明了水分循环的各个环节与其驱动的动力。

表 6.1　水分循环各个环节以及它们运动变化的动力

水分的运动变化现象	运动变化的简单描述
下垫面水分的蒸发（从地面到空中）	下垫面存在水分，而空气中的相对湿度没有达到饱和的程度，于是下垫面的水分向空中传递。其相变能量主要是太阳能
空中水汽的移动	空中水混合在空气中，被空气拖带而运动。另外，发生降水时，水汽也存在相对于空气的运动
云的运动	随空气运动，也有自己的发展壮大或者消散
降水从空中回到下垫面	由于雨滴或者雪花冰雹的密度是空气近千倍，它把自身的位能变成动能而降落到地面

续表

水分的运动变化现象	运动变化的简单描述
地表径流（河水等）	在重力作用下从高处流向低处，一些入海、入湖
地下水	在岩石缝隙中从地下水位高的地方流向水位低的地方

6.5 水体的存储量与周转量

分析地球的水分循环需要知道不同水体所存储的水量以及每年（也可以是每月、每天）的周转量。在定量分析水分循环时必须分清楚这两个联系密切又含义不同的物理量。

水体的存储量是指某特定水体（空中水、河水、海水）具有的水分总量，它是指该水体折合为液体水以后的体积，它的一般单位是立方米（m^3）。例如，大气中的总含水量是1.29万km^3，就是指空中水总量折合1.29万km^3的水，等等。由于水的密度是1 g/cm^3，即1 m^3的水是1 t，所以水体的存储量以立方米表示与以吨表示在数值上是相同的。

水体的周转量是在单位时间进入该水体的水体数量，以及离开该水体的水体数量的统称。例如，黄河每年入海水量约300亿m^3，这300亿m^3就是黄河水的输出量，它体现了黄河水每年转为海水的数量有这么多（输出是周转量的一种）。又如某地区地面每年蒸发向本地上空补充1000亿m^3的水汽，每年通过降水使本地区上空的空中水减少1500亿m^3的水汽，等等。对空中水来说，这里的输入（蒸发）和输出（降水）都是当地上空空中水的周转量。

对于某区域或者全球的空中水，其存储量可以用立方米这种单位去表示。但是对于特定地点（如武汉）我们关心单位横截面积上的空中水的存储量，这时可以用水体单位立方米除以横截面单位平方米，从而获得空中水深度。此时，就是以深度表示水体存储量了。如果水体深度以毫米表示，那么它就与气象学表示降水的单位统一了，所以水体厚度（深度）也是表示水体存储量的一种方式。

与此类似，年降水量800 mm、年蒸发量500 mm都表示水体周转量的单位。它们表示的是水体深度，把它们乘以对应区域的横截面面积就是该区域的对应水体的总周转量。

存储量与周转量的单位不同是讨论水分循环问题特别要注意的环节。

6.6 空中水的循环周期

某水体通过水分循环使其累积的周转量恰好等于其存储量，完成这个过程所需要的时间总长度称为水体的更新周期或者循环周期。某水体的循环（更新）周期也就是它循环（更新）一次需要的时间。根据空中水的存储量与它的周转量（输出量或者输入量）可以计算出该水体的循环周期（更新周期）。

设一个地方空气柱所含有水汽总量h（水层厚度，空中水存储量）的多年平均值是25 mm，而当地多年平均年降水量$R=1000$ mm，那么1000/25，即$R/h=(1000/25)=40$，就体现了每年当地空中水在一年内更新40次。或者说仅需要1/40年，就可以更新一次。而1/40年就是9.125 d。所以（R/h）代表了空中水在单位时间（经常指1年，也可以是季、月、天）

的循环次数。而它的倒数，(h/R) 则表示循环一次需要的时间，或者说它是空中水循环更新周期。如果以 τ 表示空中水的循环周期的时间，上面的分析可以归结为下面的公式：

$$\tau = h/R \tag{6.2}$$

式中，h 代表存储量，R 代表周转量。而单位时间空中水的循环次数 n 的计算公式应当是：

$$n = R/h \tag{6.3}$$

年降水量是 1000 mm，空中水的平均含水量是 25 mm，这两个数据也恰好是全球的平均情况。所以上面分析获得的空中水 1 年循环 40 次、平均 9.1 d 循环一次的数据也代表了全球空中水的循环周期（更新一次需要的时间）。

其实，对于每个气象站，当具有本地的空中水存储量和年降水量（周转量）数据时，就可以计算当地的水分循环一次需要的时间。表 6.2 给出了我国一些地方在 1 月、7 月的水分循环周期（循环一次的天数）。

表 6.2　我国一些地方 1 月、7 月的水分循环周期

	1 月			7 月		
	空中含水量 /mm	降水量 /mm	水分循环周期 /d	空中含水量 /mm	降水量 /mm	水分循环周期 /d
哈尔滨	2.3	3.7	19.27	34	160.7	6.56
乌鲁木齐	4.3	8.7	15.32	19.3	21.5	27.83
西宁	2.4	1	74.40	20.4	80.7	7.84
沱沱河	1	0.7	44.29	9.7	83.6	3.60
兰州	4.4	1.4	97.43	24.9	63.8	12.10
银川	3.5	1.1	98.64	25.3	43.6	17.99
郑州	6.2	8.6	22.35	47.8	154.4	9.60
汉口	10.6	34.9	9.42	54.7	156.2	10.86
长沙	14.8	59.1	7.76	51.3	112.5	14.14
贵阳	12.3	19.2	19.86	39.7	167.9	7.33
南京	8.6	30.9	8.63	53.1	183.6	8.97
上海	9.2	44	6.48	49.1	134.2	11.34
杭州	12.6	62.2	6.28	53.6	126.5	13.14
南昌	12.6	58.3	6.70	54.9	125.9	13.52
福州	17.4	49.8	10.83	52	112	14.39
广州	21.4	36.9	17.98	55.8	212.7	8.13
长春	2.4	3.5	21.26	39	183.5	6.59
沈阳	3.4	7.2	14.64	40	196	6.33
呼和浩特	2.4	3	24.80	24.4	102.1	7.41
北京	3	3	31.00	40.1	192.5	6.46
太原	4.1	3	42.37	33.4	118.3	8.75
济南	4.8	6.3	23.62	45.3	217.2	6.47
拉萨	1.6	0.2	248.00	17.7	129.5	4.24

续表

	1月			7月		
	空中含水量/mm	降水量/mm	水分循环周期/d	空中含水量/mm	降水量/mm	水分循环周期/d
成都	12.2	5.9	64.10	48.3	235.5	6.36
昆明	10.7	11.6	28.59	32.5	212.3	4.75
南宁	20.4	38	16.64	53.8	195.1	8.55
西安	7.1	7.6	28.96	44.1	99.4	13.75

从表6.2可以看出，在1月的水分循环周期长，而7月就快很多。

我们也可以直接从全球角度测算空中水的循环周期。世界各地的年平均降水量大约是1000 mm。由于地球的表面积是5.1亿 km^2，把它与1 m深的水层相乘，就得到地球每年水分循环所周转的水量是51万 km^3（液态水的体积，下同）。另外，目前公认的空中水的数量是1.29万 $km^3$①（指它所折合的液体水的体积），即每年空中水输出的水量（周转量）与空中水的存储量本身的比值（51/1.29）是39.5。或者说每年参加水分循环的水量与空中水数量的比值是39.5。这表明每年空中水在水分循环过程中要更新接近40次。而365 d更新40次，自然对应空中水大约9.1 d更新一次，可见空中水十分“勤奋”地参加了地球的水分循环过程。

如图6.2所示，空中水的存储量仅有1.29万 km^3，可每年进入（蒸发过程）和流出（降水过程）的水量（周转量）却分别是51万 km^3，可以看出，空中水总量很小，但每年交换量却很大。

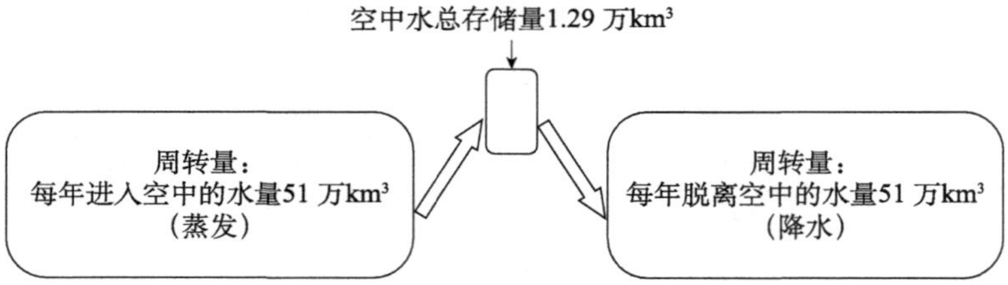

图6.2 空中水的数量与每年的周转量

6.7 水分循环与平衡

水分循环概念揭露不同形态水体有输出、输入的具体转化关系。它使我们在看到任何水体的局部变化时，如天为什么总有下不完的雨，不会感到莫名其妙。在水体的存储量概念、周转量概念和循环周期概念的帮助下，则进一步使不同水体的规模和周转速度有了定量的认识。探讨水分循环使我们对不同形态的水体与变化有总体性的认识。

水分具体的循环过程则是由很多因素决定的，不同年份降水量的不同就严重影响着水分循环的规模和速度。在某个时段，可能河里的水很多，而另外一个时段河水就偏少，这表明

① 张学文等（2010）在《空中水文学初探》一书中已经提出对这个数量的怀疑，认为应当是这个值的6倍。

水分时刻都在循环着，可是具体探讨每个时刻水分循环的定量关系就十分复杂。于是我们就退而求其次，探求各个水体恰好处于输入等于输出的平衡状态时的定量关系，而这就提出了水分平衡问题。

确实，在分析不同水体的定量关系时，分析水分平衡时的情况就是一个合理目标。水分平衡就是参加水分循环的各个水体的总量保持不变时的定量关系，此时各个水体的存储量不增加也不减少。显然为了维持这个动态的平衡，自然要求各个水体的输入量和输出量必须相等。

以上对水分平衡的要求比较理想化，严格求出某地域的各个水体恰好达到平衡时要求的各个水体的数量和周转量几乎是不可能的。但是在具体操作上，可以把水分平衡理解为水分循环的多年平均状态（气候不变化），在计算中一般使用多年平均值（如 30 年）做分析，并且对某些不易测量的量（如蒸发量）用总水量的不增加、不减少的水体质量守恒原则来反推，以使给出的数据自洽而不是互相矛盾。

所以在进行某流域、某省份、某国家的水分平衡分析时，参与水分平衡的各个水体的出入、输出必须相等（它们对应着很多的等式）。这既是对合格的水分平衡分析的基本要求，也是水分平衡分析的理论支撑。

水分平衡时的各个水体的存储量、周转量相当于水分循环过程的动态平衡点。仅依靠水分平衡的数据尚不能进行气候变化背景下水分循环变化的分析，但是它是这种分析的背景数据。

6.8　全球的水分循环与平衡

把全球划分为陆地与海洋两部分，再进行水分循环和水分平衡的分析，一般称为全球的水分循环与平衡。分析时分别给出单位时间（一般是一年）陆地与海洋部分的蒸发与降水以及陆地的地表径流（河水）、地下水进入海洋的水量，并且要求各个水体的总量不增加，也不减少。这种水分循环的动态平衡就是合格的水分循环与平衡分析。图 6.3① 就是例子（何赛 等，1995）。

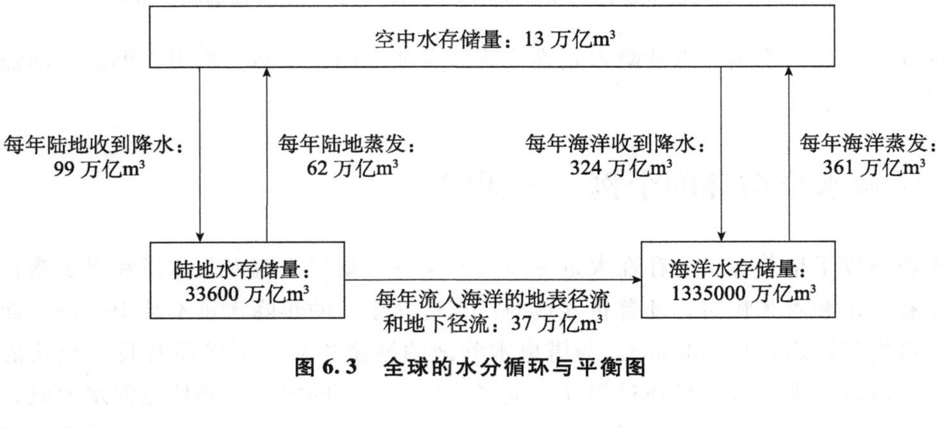

图 6.3　全球的水分循环与平衡图

① 据何赛 · P. 佩索托等（1995）《气候物理学》一书中译本 214 页图 12.2 的数据改绘。

6.9 我国的水分循环与平衡

全球的水分平衡分析给出了全球的整体水分动态平衡情况，而一个地区的水分平衡分析则侧重给出本区域的不同水体的进入、输出与平衡情况。要分析我国的水分平衡核心，需要知道多年平均意义下每年的降水量、每年的蒸发量以及每年从我国流出境外以及从境外流入的地表径流和地下水的数量。

降水量数据可以根据气象部门的气象站降水量计算，也可以根据水文部门的水文站降水资料分析计算。而蒸发的数据是从各个流域的径流量反算的。气象部门提供的蒸发量并不是实际的自然状态下的蒸发量。

计算中还需要知道流到境外的河水径流量、地下水数量的多年平均值，这包括流入海洋的水量，也包括每年流入邻国的水量。此外，我国也有从邻国流入的水量。这些都需要参加水分平衡计算。

刘国纬（1997）在《水文循环的大气过程》一书对空中水量的计算、空中水输送量的计算做了系统概括。该书对我国的空中水含量、输送量做了大量计算分析工作，给出了我国的水分平衡的数据。图 6.4 是其中关于中国大陆水分平衡的基本数据，代表了当代气候水平下的多年平均水分收支情况。

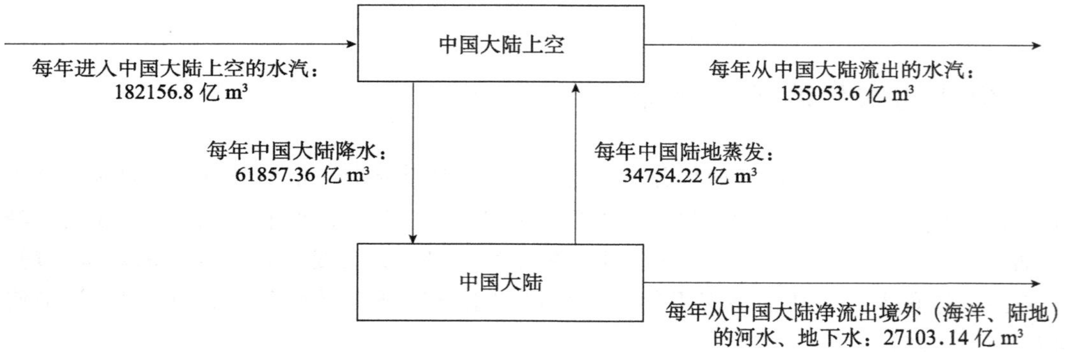

图 6.4 中国大陆的循环与水分平衡图（多年平均；引自刘国纬，1997）

从图 6.4 中我们看到，自然降水是维持我国大陆草场、森林、农田、湖泊、河流、冰川的根本淡水来源。

6.10 区域水分循环的个例——新疆

我国新疆以干旱著称，它存在大量的沙漠，又有大量河水流入北冰洋和巴尔喀什湖。其高山上则有冰川和永久积雪，吐鲁番盆地的托克逊气象站的年降水量不足 10 mm，而伊犁河谷的中山带则年降水量达 800 mm。与塔里木盆地的沙漠相伴，那里还有我国最长的内陆河塔里木河，所以新疆的水分循环过程存在很多特色。新疆的农业主要依靠河水灌溉，而河水是否仅可依靠万年不消的冰川？新疆的绿洲是否可以万年长存？这些问题都依赖对新疆的水分循环与水分平衡的正确认识。图 6.5 是新疆的水分平衡图，它给出了新疆不同水体（包括冰川、地下水等）的互相转化的多年平均意义下新疆各种水体的动态平衡关系。

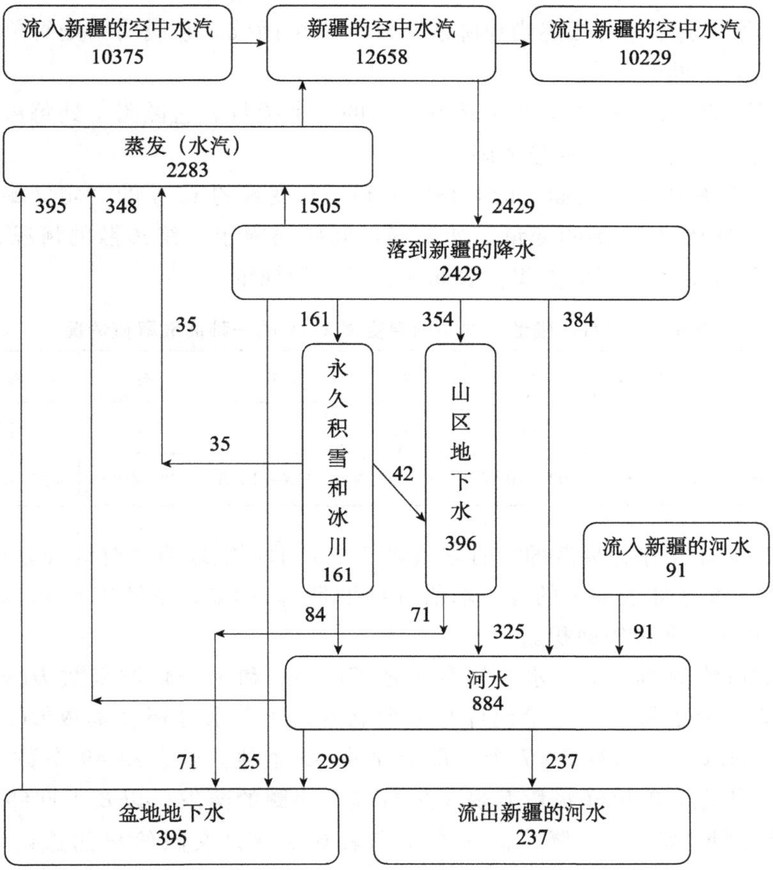

图 6.5　新疆的水分循环与水分平衡图（多年平均，单位：亿 m^3/a；引自张学文，1988）

图 6.5 给出的水量数字都是指每年该水体的周转量。从这个水分循环与平衡图来看，新疆河水直接或者间接地获得了冰川和永久积雪带来的水分补给，但是冰川、河水都最终依赖降水（主要是山区降水）的补给而平衡。我们没有理由怀疑地球上的降水会消失，也不必怀疑新疆的降水会消失。而新疆降水的维持，也就不存在水分循环的中断、河水断流，农业难以为继的问题。

新疆的河水流量主要指的是所谓“出山口流量”，在出山口位置所测得的流量也是河流的最大水量，这与我国东部一些河流以入海水量计算是不同的。新疆多数河流是内陆河，河水出山以后则逐步消耗于农田灌溉（形成绿洲）、湖泊等的蒸发，仅有伊犁河、额尔齐斯河有河水流到国外。

6.11　描述全球蒸发与降水的两个概念

任何一个地点的降水都可能来自世界各地过去的蒸发，任何地点的蒸发都可能对世界各地的降水有所贡献。为了在全球范围描述这种水分循环的定量关系，就需要引入有关的概念。考虑到天气学意义下的这种关系没有稳定性，但各地空中水、降水、蒸发的多年分布却具有稳定性。这就提出了气候意义下的水分辐合函数和水分辐散函数概念。

水分辐合函数 $C(x,y)$ 是描述当地降水来源的一个函数。它说明 x 处每单位降水中有多少（权重）是来自 y 处的蒸发。

水分辐散函数 $D(x,y)$ 是描述当地蒸发去向的一个函数。它说明 x 处每单位蒸发中有多少（权重）是去了 y 处（在 y 处形成降水）。

这里的 x，y 都是指地球表面上的某特定面积。自变量的 x，y 的“定义域”是地球表面积的这个总体，它们都是一维的变量。如果仅把问题局限于一维离散的情况，就可以把 x，y 都分别指定为地球的各个纬圈面积，表 6.3 就是一种规定。

表 6.3　辐合、辐散函数中的自变量 x，y 的一种离散取值情况

x 的具体名称	x_1	x_2	x_3	x_4	x_5	x_6	x_7
y 的具体名称	y_1	y_2	y_3	y_4	y_5	y_6	y_7
x，y 代表的纬度带	70°—90°N	40°—70°N	10°—40°N	10°N—10°S	10°—40°S	40°—70°S	70°—90°S

表6.3 把变量 x，y 作为离散的、有限（各7个）的可能取值来对待（处理），即用7个数代表了 x 或者 y 在地球表面上的允许取值（纬度带）。例如，依照表 6.3，x_3 及 y_3 就代表 10°—40°N 这 30°的纬度带的面积。

在这种离散取值的情况下，水分辐合函数 $C(x,y)$ 和水分辐散函数 $D(x,y)$ 的取值也是一些离散的值。由于每个自变量允许有 7 个取值，所以水分辐合函数 $C(x,y)$ 和水分辐散函数 $D(x,y)$ 的取值分别有 7×7 个，即分别有 49 个值。这两组 49 个数（函数值）分别说明不同纬圈的每 1 单位降水量有多少来自哪个纬圈的蒸发，以及不同纬圈的每单位的蒸发都在哪些纬圈形成了多少降水。表 6.4 和表 6.5 就是文献给出的这两个函数的两组 49 个数。

表 6.4　离散的大气水分辐合函数 $C(x,y)$ 的示例

（表上侧 x 处每单位降水中有多少比例（权重）是来自 y 处的蒸发）

纬度区间		该水分降落的纬度带 x						
		x_1	x_2	x_3	x_4	x_5	x_6	x_7
		70°—90°N	40°—70°N	10°—40°N	10°N—10°S	10°—40°S	40°—70°S	70°—90°S
该水分原始蒸发纬度带 y	y_1	0.50	0.01	0	0	0	0	0
	y_2	0.35	0.50	0.10	0	0	0	0
	y_3	0.15	0.40	0.80	0.20	0	0	0
	y_4	0	0.09	0.10	0.55	0.12	0	0
	y_5	0	0	0	0.25	0.78	0.57	0.04
	y_6	0	0	0	0	0.10	0.43	0.49
	y_7	0	0	0	0	0	0	0.47
	合计	1.00	1.00	1.00	1.00	1.00	1.00	1.00

表 6.5　离散的大气水分辐散函数 $D(x,y)$ 的示例
（表中的值就是单位蒸发在该纬度区间变成降水而降落所占的比例）

纬度区间		该水分蒸发原始纬度带 x						
		x_1	x_2	x_3	x_4	x_5	x_6	x_7
		70°—90°N	40°—70°N	10°—40°N	10°N—10°S	10°—40°S	40°—70°S	70°—90°S
该水分降落的纬度带 y	y_1	0.80	0.03	0	0	0	0	0
	y_2	0.15	0.80	0.18	0	0	0	0
	y_3	0.05	0.17	0.62	0.15	0	0	0
	y_4	0	0	0.20	0.67	0.25	0	0
	y_5	0	0	0	0.18	0.55	0.09	0.04
	y_6	0	0	0	0	0.20	0.90	0.11
	y_7	0	0	0	0	0	0.01	0.85
	合计	1.00	1.00	1.00	1.00	1.00	1.00	1.00

例如，根据这个函数值的表 $C(x_2,y_3)=0.4$，它就代表 x_2 处的每单位降水有0.4（即40%）来自 y_3 处的蒸发。或者说40°—70°N的纬圈内的每1 t降水，就有0.4 t是来自10°—40°N纬度带的蒸发。

由于每个 x 所代表的面积不一定相同，我们在表达蒸发量或者降水量时，是指该区域的单位水体的体积（即立方米，由于水的密度为1 t/m^3，所以单位水体的体积等价于每吨水体），而不是指降水的厚度（如毫米）。

纬度带 i 的单位降水量应当是各个纬圈的蒸发贡献的权重的合计值，这也体现了空中水的总量在气候意义下不能增加也不会减少。表6.4的每列的合计值都应当等于1，即应当有下面的通式：

$$1=\sum_{j=1}^{7}C(x_iy_j)\quad i=1,2,\cdots,7 \tag{6.4}$$

这个公式无论 i 的值是什么都是对的。它说明各纬圈的蒸发对某纬圈的降水量的贡献份额（没有损失，也没有多出来，符合水量的守恒）。或者说每个纬圈的降水是如何收集了各纬圈所蒸发的水分的。这种“收集”正是“水分辐合函数”这个名称的由来。

如表6.5中 $D(x_2,y_3)=0.17$，就代表 x_2 处的每单位蒸发量有0.17（即17%）降落到 y_3 处。或者说40°—70°N纬圈内每蒸发1 t（或者说立方米）水分，就有0.17 t要变成雨雪而降落到10°—40°N纬度带内。

显然，任何纬度带的单位蒸发水体要降落（辐散）到各个纬圈，所以各个纬圈的降水权重的合计值，即这个表的各个列的合计值，应当等于1。即应当有：

$$1=\sum_{j=1}^{7}D(x_i,y_j)\quad i=1,2,\cdots,7 \tag{6.5}$$

这个公式无论 i 的值是什么都是对的，它也体现了水分在变化过程中是守恒的。表6.5给出每个纬圈的蒸发是如何“辐散”到各纬圈的（对各个纬圈的降水量的贡献）。所以 $D(x,y)$ 被称为水分辐散函数。

水分辐合函数 $C(x,y)$ 和水分辐散函数 $D(x,y)$ 都是刻画地球上气候学（多年平均）意义下水分循环的概念工具。它们也是前面介绍的局部地区的水分循环中外来水分对本地降水的贡献量、本地蒸发对外地贡献量的一般化的表示方法。

6.12 降水和蒸发方程（一维，离散）

利用水分辐合函数 $C(x,y)$ 和水分辐散函数 $D(x,y)$ 可以分析降水是如何从各地的蒸发变来的以及蒸发是如何分散到各地的。

由于 $D(x,y)$ 的含义是 x 处每单位蒸发在 y 处变成降水的份额。如果 $x=j$ 处的蒸发量以 $E(j)$ 表示，那么它们对 $y=i$ 处降水的贡献就是 $E(j)D(j,i)$。以 R_i 表示 i 处的降水，则它应当是各个纬圈的蒸发量与对应的水分辐散函数 $D(j,i)$ 的乘积的合计值（求和运算）。把这个关系写为

$$R_i = \sum_{j=1}^{7} E(j)D(j,i) \tag{6.6}$$

这个从全球各地蒸发计算降水量的式（6.6）称为“降水方程”。它体现了当地降水与各地蒸发的联系，而这种联系的纽带就是扩散函数。式（6.6）对于任何 y 值（$i = 1,2,\cdots,7$ 都可以，即任意纬度带）都成立。

以上是从降水来自哪些地方的蒸发角度分析问题。现在换个角度，从蒸发的水分去哪里的角度分析它。

在 i 处蒸发的水分 E_i 自然是去了各地（各个纬度带），这可以写为

$$E_i = \sum_{j=1}^{7} E_i(j) \quad i = 1,2,\cdots,7 \tag{6.7}$$

另外，从当地角度分析，它蒸发的水分到了 j 处，就成为当地降水的一部分。设当地降水是 R_j，而当地降水中每单位降水有 $C(i,j)$ 的权重来自 i 处，所以当地来自 i 处的蒸发水分是 $R_jC(i,j)$，即 $E_i(j) = R_jC(i,j)$

于是

$$E_i = \sum_{j=1}^{7} R_jC(i,j) \quad i = 1,2,\cdots,7 \tag{6.8}$$

式（6.8）表示 i 处的蒸发量 E_i 是可以通过各个纬圈的降水量以及该纬圈的辐合函数计算出来的。这个可以通过降水而计算蒸发的公式称为“蒸发方程”。它体现了当地蒸发与各地降水的联系，而这种联系的纽带就是辐合函数。可以说蒸发的出路是变成了各个纬圈的降水而体现水分在循环中没有丢失（水分平衡）。式（6.8）对于任何一个 i 值都成立，即对每个纬圈都成立，所以它实际代表了 7 个公式。

6.13 两个计算的例子

式（6.6）说明在已经知道辐散函数和各地蒸发的情况下可以计算出每个纬圈的降水；而式（6.8）说明在已经知道辐合函数和各地降水的情况下可以计算出每个纬圈的蒸发。表 6.4 和表 6.5 又给出了一种辐合函数和辐散函数的数值。于是我们就可以利用式（6.6）和式（6.8）分别计算出各个纬圈的降水和蒸发。如果利用蒸发数据和辐散函数计算的降水数

据与文献给出的数据差不多，以及利用降水数据和辐合函数计算的蒸发数据与 Jose 等（1995）给出的数据差不多，就说明式（6.6）和式（6.8）以及给出的辐合、辐散函数值是比较符合全球大气中的水分循环规律的。表 6.6 集中给出了这些有关计算的结果。

表 6.6　实际降水量、蒸发量与用式（6.6）、式（6.8）配合表 6.5、表 6.4 的计算值的对比

单位：$10^9\ m^3$

1	2	3	4	5
纬圈区间	Jose 等（1995）给出的实际降水总量	依据式（6.6），用表 6.5 和实际蒸发量计算的总降水量	依据式（6.7），用表 6.4 和实际降水量计算的总蒸发量	Jose 等（1995）给出的实际总蒸发量
70°—90°N	2614.0	2631.388	1873.124	1845.8
40°—70°N	56612.4	57352.17	40497.26	38491.6
10°—40°N	112761.6	113958.3	143049.1	146011.2
10°N—10°S	149013.9	146360.5	112348.0	111969.9
10°—40°S	116825.8	116902.8	170199.5	168553.6
40°—70°S	73296.8	73996.88	43723.62	44698.6
70°—90°S	1068.2	890.686	502.054	522.0
全球合计	512192.7	512092.724	512192.658	512092.7

对比表 6.6 中第 3 列计算的降水量与第 2 列的实际降水量，可以看到它们的差别是比较小的。对比表 6.6 中第 4 列计算的蒸发量与第 5 列的实际蒸发量，可以看到它们的差别也是比较小的。这说明理论和辐合函数、辐散函数的值是比较符合实际的。

6.14　降水和蒸发方程（二维，连续）

上面是在一维离散变量情况下讨论水分循环模型。可降水和蒸发都是二维球面上的连续变量，用不同经纬度两个变量来表述蒸发、降水的关系就更妥当细致。

6.14.1　水分辐合函数

二维情况下的大气水分辐合函数 C 用 $C = C(\lambda_0, \varphi_0, \lambda, \varphi)$ 表示，即它是 4 个自变量的连续函数，其含义是在经纬度为（λ_0，φ_0）处的单位降水量中，来自 $\lambda \to \lambda + 1$，$\varphi \to \varphi + 1$（即单位经度、纬度增量，对应的单位面积）地域的蒸发占的权重。这里 λ，φ 分别指地球上的经度和纬度（注意这 4 个变量的含义与顺序）。

水分辐合函数描述了在某地（λ_0，φ_0）出现的每单位（即 1 mm）降水量中，世界各地（λ，φ）的单位经度、单位纬度区间内的蒸发对它的贡献。由于每单位的降水量必然来自地球各地，所以各地贡献的合计应当等于 1。即有

$$1 = \int_{\varphi=-90}^{\varphi=90} \int_{\lambda=0}^{\lambda=360} C(\lambda_0, \varphi_0, \lambda, \varphi) \mathrm{d}\lambda \mathrm{d}\varphi \tag{6.9}$$

无论（λ_0，φ_0）在地球的任何地方，以上关系都成立。

如果知道了某地（λ_0，φ_0）的多年平均降水量为 $R(\lambda_0, \varphi_0)$，用 $R(\lambda_0, \varphi_0)$ 乘水分辐合函数 C，就得到新函数 RC，它描述了当地降水量中来自不同位置（并且是单位经纬度区

间）的水分各有多少。有了这个函数也就知道了世界各地的蒸发对（λ_0，φ_0）处的降水量的贡献了。

把这个函数对某指定区域（函数中的后面两个变量）做积分，可以得到该区域的蒸发对（λ_0，φ_0）处的单位经纬度间隔内降水量的贡献。

6.14.2 水分辐散函数

二维情况下的大气水分辐散函数用 $D = D(\lambda_0, \varphi_0, \lambda, \varphi)$ 表示，即它是4个自变量的连续函数，地点（λ_0，φ_0）处的单位蒸发量在运动到 $\lambda \to \lambda + 1$，$\varphi \to \varphi + 1$ 地域（即单位经度、纬度增量，对应于单位面积）再降落为雨雪的量（也是权重）。

水分辐散函数描述了某地（λ_0，φ_0）发生的每单位（即1 mm）蒸发量在世界各地的单位经度、单位纬度内形成的降水量中的比例（权重）。由于每单位的蒸发量必然降落到地球各地，所以各地的合计应当等于1，即有

$$1 = \int_{\varphi=-90}^{\varphi=90}\int_{\lambda=0}^{\lambda=360} D(\lambda_0, \varphi_0, \lambda, \varphi)\,d\lambda\,d\varphi \tag{6.10}$$

无论（λ_0，φ_0）在地球的任何地方以上关系都成立。如果知道了某地（λ_0，φ_0）的年蒸发量为 $E(\lambda_0, \varphi_0)$，用 $E(\lambda_0, \varphi_0)$ 乘水分辐散函数 D，就得到新函数 ED，它描述了当地蒸发量扩散到不同位置（并且是单位经纬度区间）的水分各有多少。这就得到了当地总蒸发对世界各地降水量的贡献了。

有了二维连续变量的辐合函数和辐散函数，下面讨论对应的降水方程和蒸发方程。

6.14.3 降水方程

一维离散情况下的降水方程是式（6.6），现在二维的连续自变量情况下的降水方程显然应当是如下的两重积分，它覆盖了地球的每个经纬度元面积。

$$R(\lambda, \varphi) = \int_{v=-90}^{90}\int_{u=0}^{360} E(u, v) D(u, v, \lambda, \varphi)\,du\,dv \tag{6.11}$$

这个公式表明地球各地的蒸发量对（λ，φ）处的降水量的贡献。它就是二维连续情况下从蒸发计算降水的方程。

6.14.4 蒸发方程

一维离散情况下的蒸发方程是式（6.8），二维的连续变量情况下的蒸发方程显然应当是如下的两重积分，它覆盖了地球的每个经纬度元面积。

$$E(\lambda, \varphi) = \int_{v=-90}^{90}\int_{u=0}^{360} R(u, v) C(\lambda, \varphi, u, v)\,du\,dv \tag{6.12}$$

这个蒸发方程对于地球上的任何经纬度位置（λ，φ）都适用。它是二维连续情况下从降水计算蒸发的方程。

式（6.9）~（6.12）都是大气中的水分平衡的体现。

气候学可得出年降水量在各个经纬度上的分布，等于知道了函数 $R(\lambda, \varphi)$。而年蒸发量的分布，对应于函数 $E(\lambda, \varphi)$。水分辐合函数和水分辐散函数是尚不知道的两个四元函数。未知函数在积分号内的方程是积分方程。利用年降水量和年蒸发量在地球上的分布和式

(6.11)、式 (6.12) 求得水分辐合函数和水分辐散函数。这是一个解积分方程的问题。

6.15　水分循环方程组

降水方程和蒸发方程把全球各个经纬度的降水量、蒸发量联系了起来。这种联系并不要求任何一个经纬度上的降水量与蒸发量必须相等。但是任何经纬度的降水量与蒸发量不相等必然造成当地的水分不平衡。而“径流”是消除这种不平衡的又一个变量。

当一个地点降水量大于蒸发量时，就产生了多余的水分要移出本区域，它就是水文学中讲的当地产生的径流。地球上多数陆地都有河水、地下水最后归入海洋的情况。如果当地的蒸发量大于降水量，则需要外界流入的径流补充，干旱地区的湖泊、绿洲以及副热带的海洋都属于这种情况。如果以 $F(\lambda,\varphi)$ 表示经纬度 (λ,φ) 处的径流量（产生的或者消耗的），根据水分平衡的要求和式 (6.1) 就有

$$R(\lambda,\varphi) = E(\lambda,\varphi) + F(\lambda,\varphi) \tag{6.13}$$

即地球上任何位置 (λ,φ) 处的单位面积上的降水量等于蒸发量与径流量的合计值。也只有这样当地才会既不积累水分，也不抽干地下水，而处于水分平衡状态。这里的径流量 F 对于长江之类的外流区域，它大于零，对于干旱地区的湖泊、绿洲，它小于零（蒸发大、降水少），而在海洋，它体现为洋流在当地的形成或者消耗。

另外，在陆地和海洋的径流多年平均情况下，地球各地的径流（含洋流）深度对地球面积的积分应当等于零，即有

$$\int_{\varphi=-90}^{90}\int_{\lambda=0}^{360} F(\lambda,\varphi)\,\mathrm{d}\lambda\,\mathrm{d}\varphi = 0 \tag{6.14}$$

式 (6.11) ~ (6.14) 描述了地球表面任意一点的降水量、蒸发量和径流量的关系。利用全球的降水量分布 $R(\lambda,\varphi)$、径流量分布 $F(\lambda,\varphi)$ 和这几个方程，从原则上讲就可以得到蒸发量分布函数 $E(\lambda,\varphi)$、降水辐合函数和蒸发辐散函数。

本章讨论了气象部门对蒸发的测量以及它与自然条件下的实际蒸发量的区别。自然条件下下垫面的蒸发是空中水的补给源。蒸发与降水分别是空中水的输入端和输出端。蒸发现象几乎时刻在世界各地进行着。

地球表层存在不同类型的水体。空中水、地表水（含海水）、地下水、生物水是其基础类型。不同的水体都有对应的存在数量，这通常称为存储量。全球不同水体的互相转化就是水分循环。每种水体经过水分循环而获得更新（一次），其所需要的时间就是水分循环周期。空中水含量少而更新快，它大约 9 d 就更新一次。这些都是在气候学意义下的平均情况。

物理学的质量守恒定律运用到水分上，就体现为水分在循环过程中不能无中生有，也不能消失。在气候基本不变的情况下，水分在循环中各个水体总数量不增加、不减少就是水分平衡。任何一个地点的降水量、蒸发量的差额要依靠径流（地面、地下、海洋）去平衡[式 (6.1)、(6.13)]。

我们可以大略地知道全球海洋、陆地上的主要水体的循环与平衡的情况，也可以计算某个国家、区域的水分循环与水分平衡。这些水分循环与平衡的分析提供了该地区水分的来龙去脉，它们也是认识水资源的基础理论知识。

在气候学意义下，每个地域的单位蒸发量扩散到各地变成降水的情况用水分扩散函数表示，每个地域的单位降水来自各地的蒸发情况用水分辐合函数表示。各地的降水量分布、蒸发量分布、径流量分布与这两个函数有内在关系，它们共同给出了全球气候意义下的定量的水分平衡。

练习题

1. 陈述水分循环与水分平衡两个概念的相同点和不同点。
2. 根据全球的水分循环与平衡（图 6.3），具体分析陆地上的输入、输出与平衡。
3. 根据中国大陆水分平衡图的数据（图 6.4），说明空中水的数量每年没有变化（处于动态平衡）。
4. 根据中国大陆水分平衡图的数据（图 6.4），说明中国陆地上的水体数量每年没有变化（处于动态平衡）。
5. 根据图 6.5 分析冰川和永久积雪在新疆河水流量中的地位。

第7章　淡水资源概论

本章介绍了地球上淡水资源的来源、降水资源量、河流及其资源量、河流的径流系数、冰川资源、云水资源及其开发利用效益。

从广义上说，“水资源”是指自然界中任何形态存在于地球表面和地球的岩石圈、大气圈、生物圈中的水。而狭义的“水资源”是指地球上可被利用的、具有一定数量和质量保证的、在一定时间内可以更新的那部分淡水量。地球上的水似乎是取之不尽、用之不竭的，但实际上，只有淡水才是主要的水资源。而地球上的淡水资源却很少，且人类只能使用其中的极少部分。

7.1　降水是重要的淡水资源

海洋虽然保存了地球上96.5%的水分，可人类主要依赖淡水而不是咸水。由于淡水相对稀缺，就成为需要爱护和研究的“资源”了。目前人们谈及的水资源概念是指淡水资源，淡水资源是由江河及湖泊中的水、高山积雪、冰川以及地下水等组成的。

淡水从哪里来？淡水主要来自空中水产生的降水（包括降雨和降雪）。全球平均而论，每年大约有1 m深（所谓年降水量1000 mm）的降水落地，把它乘以地球面积，就是每年大约有51万km^3的淡水从空中落地供地球各地使用。这与游泳池的水体体积等于游泳池底面积乘以水的深度是一个道理。其质量大约是大气总质量的10%。

原始的初级淡水资源本身就是自然降水。由于自然降水年年有，所以降水（淡水）资源是每年都免费提供的可再生资源，与某地发现的一个矿藏不同，它不是用一份就少一份，而是每年自动补充的资源。

以上的认识不仅可以用于地球整体，还可以用于有限的地域。如果R是单位时间（通常取1年）的降水量，该降水覆盖的面积是A，那么单位时间段所形成（提供）的水资源量Q就是

$$Q = R \times A \tag{7.1}$$

式中：R的单位通常是毫米/年（mm/a），即每年产生的降水是多少毫米；而面积A的单位通常是平方千米（km^2）；这样计算获得的水资源量的单位是水的体积/年即面积A在一年内获得的水体体积（水资源量），一般以每年多少立方米表示。因为水的密度是1 t/m^3，所以，每年多少立方米的水与每年多少吨水是相同的数值。

从式（7.1）也可以看到，谈及淡水资源量时，一般是指一年的时间内提供的水资源

量，即可再生的水资源量的计量单位中是含有“时间”的。含有时间的水资源量本身已经体现了这种资源是可再生的特点。

某气象站测得1000 km^2 面积的年降水量是1000 mm/a，那么这1000 km^2 面积在一年所形成的水资源量就是

$$1000\ km^2 \times 1000\ mm/a = 10亿\ m^3/a$$

这里的降水量如果是多年平均值，那么其水资源量也是多年平均的水资源量。如果是一年，那么仅代表当年的降水资源量。

“水资源”一词强调了可以利用的淡水这层含义。但是“可利用”的含义再具体化就是可控制，它的言外之意就是不可控制的淡水就不宜称为水资源了。例如，降水太多形成的水灾，降雪太多形成的雪灾，都是水对人类的危害。

降水就是淡水资源，它也是原生的淡水资源。降水落到海洋与地面，在陆地上则形成了土壤水、河水、湖泊水、冰川水、地下水。

7.2 降水资源量

雨、雪本身就是水资源①。多数的草场并没有另外引水灌溉，森林也是这样，很多农田也是主要依靠自然降水（某些绿洲例外）。降水滋润着草场、森林、农田和城乡，降水是牧业、林业、农业和人类生活的根本水源。降水还是高山上的冰川、绵延河水的根本水源。讨论水资源而刻意回避、忽视、淡化降水形态的水资源量，就无法正确认识陆地的生态和人类的牧业、林业、农业和社会。

气象上的年降水量（R）概念强调的是一年的降水厚度。区域（A）的水资源量，因为考虑到自然界中的水不断循环运动，水资源是可以再生的，其强调的是单位时间（1 a）该区域总共获得的可再生总水量（Q）。而这三个变量的关系就是式（7.1）。这个公式可以用于多年平均降水量，也可以用于某年度、某月或者某天气过程。

显然，知道我国每个地区的面积，而且知道该地区的多年平均降水量，就可以利用式（7.1）计算该区域的降水资源量，也就是免费提供给该区域的淡水资源量。表7.1就是一个计算结果。

表7.1　中国各地区的降水资源量

地区	年降水量 /(mm/a)	降水资源量 /($10^8\ m^3/a$)	地区	年降水量 /(mm/a)	降水资源量 /($10^8\ m^3/a$)
黑龙江	500	2270.0	安徽	1200	1680.0
吉林	550	1030.7	江苏	1000	1020.0
辽宁	800	1175.2	浙江	1400	1428.0
北京	500	80.0	湖南	1500	3180.0
天津	600	72.0	湖北	1200	2203.2

① 我国的很多文献回避降水，是因为水资源这个基础认识——用“河水流量”来代表水资源量，这在认识上造成了不小扭曲。

续表

地区	年降水量/(mm/a)	降水资源量/(10^8 m^3/a)	地区	年降水量/(mm/a)	降水资源量/(10^8 m^3/a)
重庆	1439	1179.9	江西	1600	2670.4
上海	1124	67.4	广西	1600	3787.2
河北	600	1108.2	广东	1800	3202.2
山西	520	811.2	福建	1600	1984.0
陕西	600	1656.0	云南	1100	4290.0
甘肃	300	1365.0	贵州	1200	2112.0
宁夏	200	132.0	四川	1100	5335.0
新疆	154	2556.4	海南	1639	573.6
西藏	400	4880.0	台湾	2200	792.0
内蒙古	220	2596.0	香港	2214	22.1
青海	380	2744.7	澳门	2200	0.66
山东	710	1121.8	—	—	—
河南	700	1176.0		总降水	60302.86

表 7.1 获得的全国降水资源量是 6.03×10^{12} m^3/a。它比水利部门认可的数值 6.4 万亿 m^3/a 要小一些①。

以 14.1 亿的人口数量除上面的计算资源量，得到我国的每人平均降水资源量大约是 4277 m^3/a。这是一个重要的人均降水资源量。水利部门每年根据当年的降水量，计算、公布当年的降水资源量。

每个省份、地区、县（市）都可以根据式（7.1）计算降水资源量。表 7.2 是一些典型计算例子，它也可以用于计算农田中一次降水所对应的灌溉量。

表 7.2　从式（7.1）计算降水资源量的例子

地区	该地区的面积	该地区多年平均降水量	降水资源量
全球	51000 万 km^2	1000/(mm/a)	51 万 km^3/a
中国	960 万 km^2	650/(mm/a)	6.24 万亿 m^3/a
某省	10 万 km^2	1000/(mm/a)	1000 亿 m^3/a
某县	1 万 km^2	500/(mm/a)	500×10^7 m^3/a
某地区	A 万 km^2	R/(mm/a)	$(R\times A)/(10^7\ m^3/a)$
1 亩地	666.7 m^2	1 mm（1 场雨）	0.667 m^3
1 亩地	666.7 m^2	30 mm（1 场透雨）	20 m^3
1 hm^2	1 万 m^2	10 mm（1 场雨）	100 m^3

上面的计算要依靠该地域，如一个省的面平均降水量的数据。这就提出了如何求降水量的面积（本国、本省、本县……）平均值问题。最粗略的求平均值的做法是算术平均法。

① 水利部门的降水量计算主要依靠水文站的降水资料。而水文站大多分布在降水量比较大的地方。应当在气象、水文等部门所有降水资料的基础上，分析共同认可的降水量数据，再计算降水资源量。

如在降水量分布图上凭眼力估计其在本区域平均值。如果气象站均匀分布在本区域内，把这些气象站的降水量求其平均值也可以。

如果已经有电子版的降水量分布图，可以利用对应软件（如 Photoshop）求得各个降水量间隔所包围的面积，再以这个面积乘以对应的降水量，就获得该降水间隔的降水资源量。这样分别求得各个降水间隔内的降水资源量以后再把它们加起来，就是该区域的总水资源量。

如果有标准经纬度格点上的降水数据，把该格点的降水量与对应的面积相乘后再除以整个分析区域的总面积，也可以获得该区域的面平均降水量。

7.3 河水资源量

降水作为淡水资源落到陆地以后，有一部分会顺着地面坡度向低处流动。在下暴雨时可以看到雨水沿着地表面的坡面流。这种表面的雨水流动汇集到低处，也就形成了比较大、比较持续的水流，于是在山沟里（地形图上的槽线）就形成了长条的水流，这就是河川径流。雨水降落到一个有坡度的区域，再沿着河沟流出来逐步汇集，最后进入海洋，这就是河流的一般动态模型。河流是水文循环的重要路径，是泥沙、盐类和化学元素等进入湖泊、海洋的通道。世界上著名的河流有长江、黄河、亚马孙河等。

在河水最后不能流入海洋的内陆河流域，降水在山区形成河流，河水出山就进入平原或者盆地，再在那里蒸发，以水汽的形态返回大气。而其集中蒸发的地点经常是平原、盆地中的湖泊、沼泽，我国的青海湖、罗布泊就是例子。

如果人类在平原开发垦区，则把河水引去灌溉农田，而这些河水就在农田里蒸发返回大气成为空中水。有些河流河水沿途消耗于渗漏和蒸发，于是一部分河水渗透进地下成为地下水。

如果一个区域，它的降水所形成的河流水量都经过某一河流断面而流出，那么这个河流断面以上的区域就是这个河流的流域。流域是个面积概念，这个面积是最低处的河流断面以上所形成的径流的统一水源地（是整个的面，不是水源点），而这个河口断面是该流域统一的水流出口，即河流汇入海洋、其他河流（如支流汇入干流）、湖泊、沼泽或其他水体的地方。

水文站就设在河流的重要断面处。它负责测量河流在这里流出的水量，这个水量是它控制的流域面积共同形成的径流量。一条河流（包括它的支流）上有很多水文站在测量河水每天的流量，把一年中每天的流量加起来就是年径流量。年径流量是河流的重要水文数据。

除河源和河口外，每一条河流根据水文和河谷地形特征，分为上、中、下游三段。上游比降大、流速大，冲刷占优势，河槽多为基岩或砾石；中游比降和流速减小，流量加大，冲刷、淤积都不严重，但河流侧蚀有所发展，河槽多为粗砂；下游比降平缓，流速较小，但流量大，淤积占优势，多浅滩或沙洲，河槽多细砂或淤泥。

但是对于一条河流，我们不能把它上下游的各个水文站的径流量加起来。如果这条河的河水越向低处汇流越多，并且最后流入海洋，我们就以出海口附近的水文站测量到的径流量作为这条河的总径流量。如果一条河在出山口的径流量最大，而后在平原地区水量逐步减少，我们就以河流出山口处的最大流量作为这条河的径流量（新疆的很多河流就是如此）。如果河水在上游被人类截留使进入下游的水量减少，我们还得补回截留的水量，还原为没有人类干扰情况下这条河的最大径流量。这个径流量就代表这个流域形成的总河水径流量。

根据以上原则我们获得（计算）每个流域的河水径流量，最后再求得全国（或者某省、某地区）的河水径流量，这个数据就是水利部门介绍的河水资源总量。气象工作者应当理解水文数据的含义。

显然，降落到地面的雨水不可能全部都变成河水而流入海洋，一部分降水要在本流域蒸发返回大气中，一部分渗入土壤成为土壤水（然后蒸发）或者河水、地下水。所以一个流域河水与地下水量总是小于本流域的降水资源量，或者说降水资源的一部分转化为河水、地下水资源。

7.4　河流的径流系数

物质守恒定律是物理学的基本规律。它用到一个流域水分的多年平均的场合，自然是进入流域的水量（降水）与出去的水量（河水、蒸发）必须相等。所以对于地下水不会直接入海，也不会跨流域输出的流域（即地下水与河水仅能在本流域内形成互补），其降水量 R 必须与流出本流域的河水流量 H①以及本流域蒸发量 E 的水分相等。于是有

$$R = H + E \tag{7.2}$$

式中，变量 R、H、E 分别表示多年平均的降水量、径流深度和蒸发量。所谓径流深度，就是以立方米计量的河水流量再用该流域的面积去除而获得的一个值。它恰好代表了该流域有这么深（厚）的降水变成了河水。它被形象地称为“径流深度”。这里特别要注意这三个变量的单位（应当说量纲），它们的通常单位是每年的毫米数，即 mm/a。

例如，某流域的多年平均降水量是 800 mm/a，多年平均的实际蒸发量（不是气象部门蒸发皿的测量值）是 500 mm/a，那么 800 - 500 = 300 mm/a，这 300 mm/a 的水分就以河水的形式流出本流域（多年平均）。

300 mm 的径流深度对应多少水量？其实，式（7.2）也可以用来将径流深度转化为水量。如果这个流域的面积是 1 万 km^2，把水资源公式（7.2）中的降水深度改为径流深度，那么计算获得的就不是降水资源量，而是河水资源量，本例的具体数值应当是 30 亿 m^3。显然以上计算的水资源量都是指 1 年的值，也是多年平均值。

通过以上分析可以看到，降水资源量变成河水的这一部分就对应于河水资源量。河水流量是依靠水文站的观测而独立获得的数据。

一个流域在河流出口断面形成的河水流出量在换算为年径流深度（H）以后，它与流域年降水量（R）的比值，称为这个流域的径流系数 α，即其计算公式为 $\alpha = H/R$，它体现着有百分之几的降水变成了河水，综合反映了流域内自然地理要素对径流的影响。前面例子中的 300/800，即 $3 \div 8 = 0.375$，就是本流域的径流系数。它代表了本流域有 37.5% 的降水变成了河水向外输出，而其余部分水量则损耗于植物截留、填洼、入渗和蒸发。径流系数体现着该流域的气候特色，也与地形、生态有关。

根据径流系数的含义和公式，有了降水资料和流量资料就可以计算径流系数。我国的降水资源量大约是 6 万亿 m^3，而河水资源为 2.8 万亿 m^3，由此可得 $2.8/6 \approx 0.47$，即我国约有 47% 的降水变成了河水。0.47 就是我国这个地域的平均径流系数。

---

① 在水文文献里，径流一般用 R 表示，它对应了 Runoff 这个词，但是为了避免与气象文献里通常用 R 表示降水，我们这里就以 H 表示径流深度。而符号 R 依然代表降水，而不用水文文献里的 P 表示降水。

径流系数的理论最大值是1，即当地所有的降水都变成了河水流量。降水多而潮湿的地区，很多降水变成了河水，其径流系数大。干旱地区蒸发大，甚至难以形成河流，其径流系数就小，甚至为零。例如，我国台湾地区河流年平均径流系数 >0.7，表明径流十分丰富；径流贫乏的海滦河平原，年平均径流系数仅为0.1。沙漠地区的年降水量是大于零的，但是它的降水全部用于当地蒸发，所以其径流系数为零。

如果一条河流从山里延伸到干旱的平原或者盆地，在平原和盆地又引河水去灌溉，结果是进入该平原、盆地的河水流量比流出的多。这表明该区域不仅没有形成河水径流，反而消耗了河水径流，它就是径流散失区。这时该区域的径流系数就是负值。黄河进入河套地区、天山山区形成的河流进入准噶尔盆地而消失都是例子。宁夏河套和准噶尔的绿洲消耗水资源产生了灌溉农业，是利用了河水资源。河水入海，也可以看作是没有利用这些淡水资源。但是，从生态等角度考虑，也不能让河流断流（如黄河）。

一条内陆河流域，其河水径流形成区的径流系数大于零，其径流散失区的径流系数小于零，而该流域径流系数的平均值等于零，即降水量等于实际蒸发量（不是指气象站测量的蒸发皿的蒸发量）。

河水来自降水，所以河水资源量自然比降水资源量小，但是河水比降水容易集中和控制。大城市需要消耗比较多的水资源，所以它们大多建设在比较大的河流旁边。

7.5 冰川资源

7.5.1 冰川的形成

冰川是水的一种存在形式，是一种由积雪压实、再结晶形成的巨大冰体。要形成冰川，首先就要有一定数量的固态降水，其中包括雪、雾、雹等。其中雪是冰川形成最主要的来源。如果当地雪多而天气冷，就形成冬季积雪，这些雪要到冬末才化完，从而形成季节性的积雪。如果山很高，7、8月依然有降雪，那么这些雪就会常年不化。

在图7.1中我们可以看到，随着海拔高度的升高，当地积雪日数占了全年日数中更大的比例。它占到全年天数的百分之百时，也就是积雪终年不化的地区了。而冰川只能在积雪终年不化的雪线以上地区形成（冰舌可以伸到比较低的地方）。

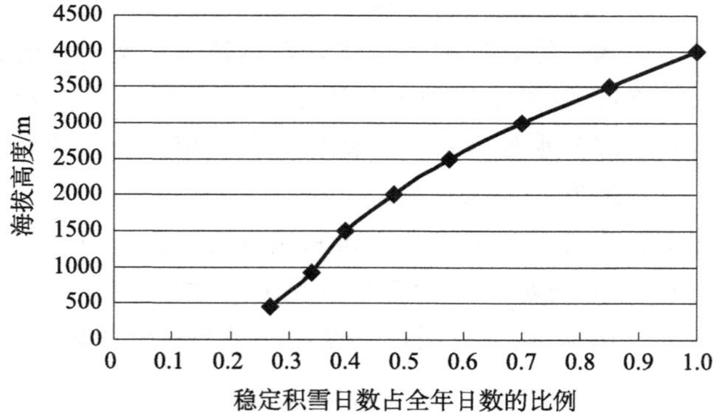

图7.1　天山北坡稳定积雪日数占全年日数的比例与海拔高度的关系图

高山降雪在暖季基本不化，岂不是越堆越厚？是的，那里的一部分降雪会直接升华为水分进入大气，有的被风吹入山谷，于是高山的谷底就有多年的降雪堆积。这些积雪转变成粒雪，随着时间推移，粒雪的硬度及其相互之间的密度增加，加上不断地相互挤压、镶嵌，这些雪就逐步压缩变成了冰川。寒冷高山的多年降雪是冰川形成的物质来源。

7.5.2　冰川的运动

多年挤压形成的冰川不仅密度比雪大了很多（依然比冰轻），它在坡地上会由于重力和侧向压力的不同而运动。这种运动很慢，但是这种缓慢的运动就使冰川从很冷的高山伸向低处。低处的温度比较暖和，这就使移动下来的所谓冰舌逐步融化，补给了河流或者变成地下水再流向更低的地方，其中也有一部分直接蒸发了。

河水的运动可以用眼睛看见，它的典型速度是每秒数米的数量级。而冰川的运动是一年才移动数十米的水平。站到冰川面前，用眼睛是看不出它的运动的。与河水相比，冰川的运动速度太慢了。

7.5.3　冰川资源的利用

最热月份的大气 0 ℃层的平均高度如果低于当地的高山，那里的高山上就可能存在冰川，详情见表 7.3。

表 7.3　7、8 月自由大气 0 ℃层的高度表（1960—1969 年的 10 年平均）　单位：m

地区	0 ℃层平均高度（7 月）	0 ℃层平均高度（8 月）	对应位置的雪线高度*
新疆阿勒泰	3900	3730	3000 ~ 3400
新疆乌鲁木齐	4190	4130	3800 ~ 4200
新疆伊宁	4140	4130	
新疆哈密	4370	4330	
新疆库车	4560	4550	
新疆和田	5030	5030	5000 ~ 5700
青海格尔木	5230	5230	
西藏拉萨	5920	5840	

注：* 引自杨利普（1981）。

根据表 7.3 和山脉的高度，阿尔泰山、天山、昆仑山、喜马拉雅山都可以有冰川存在。据调查，我国冰川的总面积大约是 5.65 万 km^2，居亚洲首位，那里保存的冰雪总量大约是 5 万亿 m^3，它们主要集中在西藏、新疆、青海等高寒山区，阿尔泰山、天山、昆仑山、喜马拉雅山等 14 座山系都伸入到雪线（平衡线高度）以上，是冰川形成发育的良好发源地，具备了良好的水热条件。

冰川面积和其所在山地面积之比称作冰川覆盖度。中国各山系冰川覆盖度平均为 2.5%，大于此值的有天山、帕米尔、喀喇昆仑山、昆仑山、念青唐古拉山和喜马拉雅山。而在这些山系的高大山峰四周，放射状地分布着规模巨大的冰川，形成了诸如天山的汗腾格里—托木尔峰山汇、帕米尔的慕士塔格—公格尔山结、喀喇昆仑山的乔戈里峰（世界第二高峰）、西昆仑山的昆仑峰、念青唐古拉东段诸高峰和喜马拉雅山的珠穆朗玛峰等冰川作用中心。中国冰川面积大于100 km^2 的27条冰川均分布在这些中心里。以克里雅河为东界的西昆仑山山体高大而宽展，有冰川6580条，总面积10844 km^2，是中国最大的冰川区，有典型的大陆型冰川发育。但中国最大的冰川则是喀喇昆仑山的音苏盖提冰川，面积380 km^2，位于青藏高原东南部的念青唐古拉山东段，是典型的海洋型冰川。由此可见，我国冰川资源是相当丰富的。

每年有一些冰川雪水融化而补给河流或者地下水，这一部分的冰雪数量对应着可再生的水资源。

我们是否可以把喜马拉雅冰川说成是恒河、印度河、雅鲁藏布江、怒江、澜沧江、长江、黄河的“水塔”，说这些河流的河水靠着喜马拉雅冰川维持？显然不能这样比拟。实际上冰川仅是河流水量的部分水源，可以理解为固体水库。至于“水塔”的问题，可以理解为大气通过水分循环，把水带到高海拔山地，通过降水再流下来。

虽然冰川融水对河川径流的补给量所占的比重不大，但它在一定程度上对河川径流具有调节作用。例如，在干旱少雨时，河水少而温度高，结果是温度高使冰川补给河流的水分偏多，从而弥补因降水减少而造成的河水不足。当连续出现低温多雨的天气时，冰川的融水量减少，冰川上的积雪补给冰川形成冰川冰保存起来，而此时的降水直接补充了河水流量。以干旱著称的新疆的河水在不同年份的变化比较平稳，就与冰川对河水的这种年度调节作用有关。

河水从源头到入海所经历的时间大约是10 d的数量级。冰川的运动比河水慢很多。这也从一个侧面说明冰川融化的水，不仅包括当年下的雪，也包括沉积了多年的雪。具体每条冰川由于气候、地形条件的不同，更新周期有长短的不同。大的冰川其更新的周期就更长。一般认为冰川的寿命是千年数量级。

根据这些基本认识以及地球气候存在着不同时间长度的冷暖、干湿周期变化，不难推断冰川会存在不同尺度的前进或者后退。而这种冰川的前进、后退联系着数百年甚至上千年的气候变化。不同尺度前进或者后退的冰川所反映的气候尺度也不同。由于气候变化的基本特点是周期变化，我们难以根据短期的冰川进退做长时间的线性外推。

深入到冰川与气候间的关系，两者是相互关联、相互作用的。气候变化对冰川的变化起着重大的作用，换句话说，冰川变化是气候变化的产物，气候变化引起冰川积累量和消融量的变化，导致雪线和冰川高度的升降、运动速度高低等一系列复杂的变化，最终使得冰川面积增减，末端前进或退缩。近百年来，在全球变暖的形势下，冰川消融强烈，面临着退缩的状态。以我国西部为例，近50年来，82.2%的冰川处于退缩状态，冰川面积减少了4.5%。1975年发现，百年来，青藏高原冰川总体后退了约35%，而到2000年比例又在继续增加。再如喜马拉雅山，自1976年到2003年，冰川面积从84.41 km^2 减少到77.29 km^2，各时段分别以平均0.17 km/a、0.19 km/a、0.77 km/a的速度在退缩，冰川退缩明显加速。冰川退缩面积占研究区总面积的8.4%，明显比亚洲冰川平均退缩比例（7%）大，更是表明西喜马拉雅山脉的冰川退缩比较严重。

冰川不仅是气候变化的记录器，也是气候变化的驱动器。融化的冰雪不仅会导致海平面上升，更会促使气候变暖。冰川和海洋冰面都是地球的“凉爽剂”，它们能在春季反射80%的太阳光，在夏季反射40%~50%的阳光。而在冬季，海洋的冰面在温暖的海水和寒冷的空气之间充当了保护膜的作用。也就是说，如果没有大量冰川和海洋冰面来反射阳光，地球变暖更会加速。冰川作为气候变化的指示器，其末端进退、厚度增减、面积扩缩可以反映气候变化的状况，也可以对气候产生反馈作用，成为气候形成的重要因子。如大陆冰盖对全球大气环流有着重大的影响，而山地冰川对大范围气候变化影响较小，但对局部气候的影响不容忽视。

雪线是常年积雪的下界，是年降水量与年消融量相等的平衡线，也被称作冰川的物质平衡线。雪线以上年降雪量大于年消融量，降雪逐年累积，从而形成常年积雪进而形成了粒雪和冰川。雪线高度是水分和热量条件对冰川发育和影响的综合反映，控制着冰川发育规模和变化幅度。而雪线的高度主要取决于气温、降水量和地形条件，随着时空的变换，雪线的高度也存在季节性或者是多年性的变换，如出现冰期和间冰期，都能引起雪线的大幅度升降。对流层大气中的温度大约是高度每升高 100 m，其温度就降低 0.6 ℃。这个温度显然是控制着冰川存在高度的第一因素。如果温度升高 3 ℃，应当对应高山的雪线升高 500 m。所以没有剧烈的升温，冰川是不容易在高山上全部消失的。

此外，冰川还是一种优质的水资源，因为冰川末端的融水是远在人类工业化社会之前的大气降水，因此是一种古老的未受人为污染的优质水源。冰川水的优质不仅仅体现在其古老，更主要的是它的氘含量是自然冰川水体中最低的，对人及生物体有害性相对小了很多。科学实验表明，冰川水促进生长发育，同时还可以保护遗传基因，提升婴幼儿免疫力。冰川水的硬度适中，氘含量较低，含有适量易于吸收的矿物质元素，能提高基础代谢，加速蛋白质合成，促进生长发育信息的传导和运载，提高机体对营养吸收、转化的生物利用率。例如，用雪水灌溉的小麦比用普通水灌溉的成熟期早，产量高了约 25%。

7.6　云水资源及其开发利用效益

云水资源是储存在云体中通过天然降水或人工降水可利用的水分资源。云水资源的分布与大气环流、地形特征和大气湿度分布以及水汽传输密切相关。云的含水量多少因云的种类、发展阶段和在云中所处部位的不同有很大差异，同时在不同地区和不同降水云体中的云水资源也有很大差异。

空中水资源的主要组成部分包括气体状态的水（汽）和固态、液态的水（云）。根据观测，大气中的水分平均 9 d 循环一次，这里的 9 d 仅是一个全球的平均值。据研究，蒸发到大气中的水分以水汽形态存在 9 d、以云形态存在 1.8 h、以雨滴或雪花形态存在 13 min，最后降落到地面或海洋。因此云的形成受多种因子制约，其含水量常在很小范围和很短的时间内就有很大的差异，云在形成降水过程中凝结出的云水不能全部转化成自然降水，通过人工改变云的微结构可增大云中降水所占的比例，从而增大降水量。这就需要通过多种仪器的观测和综合分析进行评估，通过理论分析研究其变化规律，通过实验研究其开发利用的途径和技术。

国内外有关空中云水资源的评估，主要通过物理学方法、统计学方法和数值模拟方法对与之相关的区域水循环、水汽的观测、水分收支等进行研究，从而估算空中云水资源。物理学方法是通过观测云的宏观和微观特征量估算云水含量，主要利用机载粒子测量系统、地基遥感系统和气象卫星探测云中粒子浓度和尺度、液态水含量、水汽柱含量以及小云滴和大云滴谱等参量的空间分布特征，进而对云水资源含量进行估算。统计学方法主要通过对地面降水和人工增雨作业条件选择的统计，计算得到人工增雨潜力，从而估算空中云水资源量。数值模拟方法利用根据云和降水形成理论建立起来的关于云和降水发展的数学模式，分析降水过程中的水汽分布、云系发展过程中水物质间转换和微物理过程，估计出自然云的降水量和降水效率。

7.6.1 空中云水资源评估指标

（1）空中云水含量通过计算进行评估

云水含量计算公式可用云底高度和云顶高度间的水汽含量来计算。云顶高度、云底高度和水汽含量计算公式如下。

① 云顶高度计算公式

$$H_{top} = ah_{500} - b \tag{7.3}$$

式中：H_{top}为云顶高度（m）；h_{500}为 500 hPa 位势高度（m）；a 为常数（=6.44）；b 为常系数（=24.16）。

② 云底高度理论计算公式

$$H_{base} = (t - t_d) \div (\gamma_d - \gamma_z) \approx 124(t - t_d) \tag{7.4}$$

式中：H_{base}为云底高度（m）；t 为气温（℃）；t_d 为露点温度（℃）；γ_d 为干空气的绝热直减率，近似于 0.98 ℃/100 m；γ_z 为露点温度在干绝热阶段的直减率，近似于 0.17 ℃/100 m。

③ 云底高度经验计算公式

$$H = A(B - \lg f_0) \tag{7.5}$$

式中：H 为云底高度（m）；A、B 为常数，平均值是：$A=5250$，$B=2.028$；f_0 为地面相对湿度。

④ 云水含量计算公式

$$W = \frac{1}{\rho g}\int_{H_b}^{H_t} q(H)\,\mathrm{d}h \tag{7.6}$$

式中：W 为云水含量（kg/m^2）；q 为比湿（g/kg）；h 为高度（m）；ρ 为液态水密度（g/m^3）；g 为重力加速度（m/s）；H_b 为云底高度（m）。

⑤ 用云中饱合混合比计算云水含量

$$L_z = 0.35P_z/T_z(S_c - S_z) \tag{7.7}$$

式中：L_z 为云中 z 高度上的含水量（g/m^3）；S_c 为凝结高度上的饱和混合比（g/kg）；S_z 为 z 高度上的饱和混合比（g/kg）；P_z 为 z 高度上的气压（hPa）；T_z 为 z 高度上的温度（K）。

⑥ 混合比 S 计算公式

$$S = 622e/(P - e) \tag{7.8}$$

式中：S 为混合比；P 为气压（hPa）；e 为水汽压（hPa）。

（2）用气象台站观测云量进行评估

用气象台站观测资料表征空中云水资源的物理量有云状、总云量、低云量和云状云量。

云状云量可通过同类云状出现频数与云状出现时天空覆盖度的乘积求得。

按云的外形特征、结构特点和云底高度，将云分为三族、十属、二十九类（表 7.4）。

表 7.4　云状分类表

云族	云属		云类	
	学名	简写	学名	简写
低云	积云	Cu	淡积云	Cu hum
			碎积云	Fc
			浓积云	Cu cong
	积雨云	Cb	秃积雨云	Cb calv
			鬃积雨云	Cb cap
	层积云	Sc	透光层积云	Sc tra
			蔽光层积云	Sc op
			积云性层积云	Sc cug
			堡状层积云	Sc cast
			荚状层积云	Sc lent
	层云	St	层云	St
			碎层云	Fs
	雨层云	Ns	雨层云	Ns
			碎雨云	Fn
中云	高层云	As	透光高层云	As tra
			蔽光高层云	As op
	高积云	Ac	透光高积云	Ac tra
			蔽光高积云	Ac op
			荚状高积云	Ac lent
			积云性高积云	Ac cug
			絮状高积云	Ac flo
			堡状高积云	Ac cast
高云	卷云	Ci	毛卷云	Ci fil
			密卷云	Ci dens
			伪卷云	Ci not
			钩卷云	Ci unc
	卷层云	Cs	毛卷层云	Cs fil
			薄幕卷层云	Cs nebu
	卷积云	Cc	卷积云	Cc

（3）用卫星遥感数据进行评估

卫星遥感资料来表征空中云水资源的物理量有云光学厚度和云水路径。

7.6.2 空中云水资源评估内容

1. 空中云水资源开发潜力

增雨潜力 η 指空中云水资源可能形成降雨的潜力。计算公式为：

$$\eta = 1 - e \tag{7.9}$$

式中，e 为降水效率，指地面总降水量与空中云水含量之比。计算公式为：

$$e = P_w / P_v \tag{7.10}$$

式中：P_w 为降水量，单位为 mm；P_v 为云水含量，单位为 mm。

2. 空中云水资源的时空分布特征

（1）空间分布特征

分析空中云水资源高值分布中心和低值分布中心。

（2）时间分布特征

年际变化指年总云水资源和降水效率的逐年变化趋势、有无突变或转折。

季节变化指不同季节多年平均的云水资源和降水效率的变化趋势。季节云量可用季节内所有月的云量之和或者用典型月云量作为代表。

月际变化指一年内每个月的多年平均云水总含量和降水效率的逐月变化趋势。

7.6.3 云水资源开发利用的效益

开发空中云水资源，实施人工增雨（雪）战略工程，是缓解水资源短缺危机的重要途径。同时，空中云水资源开发利用具有生态效益、经济效益和社会效益等。

（1）生态效益

水是生态环境最敏感的基本要素，植被的生长主要靠水。

云水资源开发利用的一个重要原因就是要实现生态效益。其中包括水资源总量、人均水资源占有量、水质状况、森林草原面积、土壤肥力状况等。

一方面，云水资源的合理开发和利用可以增加水资源的占有量，解决缺水问题和用水的矛盾冲突。此外，水资源的数量增多能够增加土壤肥力，促进植物的生长，丰富生态系统内涵和增加生态效益。另一方面，云水资源的开发和利用可以起到防灾减灾的作用，并且其本身是一个清洁的过程，不会产生带有污染的副产品。

（2）经济效益

水资源主要通过工农业用水、生活用水及生态环境用水三种用途被消耗。人工增雨所带来的直接效益就是工农业用水、生活用水及生态环境用水的增加。云水资源的经济效益主要体现在工农业总产量的增加、粮食产量的增加、人均收入的增加以及投资－产出比减少等。

（3）社会效益

水资源短缺会带来一系列的社会问题，如生活费用增加、人均收入较少、人口的健康水平下降，并可能导致人口素质降低等。由于人口增长超出控制和经济发展导致的水资源浪费，使得争夺水资源的冲突发生概率增大。目前，世界上 1/3 的人口处于缺水的状况之中，尤其是在那些最贫困国家和极端营养不足的人群当中。除此之外，水资源正在减少，平等公正地共享水源变得不好实行。云水资源的开发利用可以有效地缓解水资源短缺的问题，可以在一定程度上解决一定的社会问题。

总之，云水资源的开发能有效缓解水资源短缺的问题，对其合理开发利用能带来显著社会效益、经济效益以及生态效益。研究发现，1978—1998 年冬季期间，在新疆沿天山一带实施的人工增雪作业，累计增水约 38 亿 t。对 2009—2010 年新疆的人工增水作业进行评估后发现，与 1981—2008 年相比，在人工增水作业影响区域，天山山区、天山以北地区、天山以南地区的年平均降水量分别增加了 4%、9% 和 8%。现今，新疆地区人工增水作业可以达到 10%~30% 的增水效果。除此之外，人工增水还能带来直接的经济效益，对甘肃地区 2004—2013 年人工增雨带来的直接经济效益进行评估的结果表明，10 年间年均增水量 4.07 亿 t，年均经济效益 3649.89 万元，投入产出比为 1:30。对祁连山空中云水资源的开发利用进行评估的结果表明，通过人工增雨，降水分别增加 10%、20%，河西地区的综合经济效益将分别提高 5.3%、12.5%。另外，2015 年内蒙古人工增水产生的直接经济效益达到了 15 亿元。再如，四川每年人工影响天气投入约 2000 万元，增水约 30 亿 m^3，价值约 3 亿元（0.1 元/m^3），经济效益可观。据研究，四川空中水资源为 5800 mm/a，降水量为 1000 mm/a，人工增水仍有相当大的潜力。

综上所述，人工增水在缓解农林业干旱灾害、减轻冬麦冻害、改善水库的蓄水量、减低水力发电单位成本和消缓雾/霾等生态、社会、经济各方面都起着积极的作用。

练习题

1. 淡水资源是由什么组成的？
2. 为什么说降水（淡水）资源是每年都免费提供的可再生资源？
3. 如何理解河水径流量的含义？
4. 如何计算流域的径流系数？什么情况下会是零？什么情况下会是负数？
5. 为什么说可以把冰川理解为固体水库？
6. 有哪些指标可以用于评估空中云水资源？

第8章 空中水在能量平衡中的作用

本章主要介绍了地球的能量平衡、水汽的吸收和辐射特点及影响、水汽相变的能量以及空中水在能量平衡中不可忽视的作用。

8.1 地球的能量平衡

地球与宇宙之间的能量平衡主要是通过辐射过程交换能量来维持的。对于地球大气而言，其能量的存在和交换形式不仅仅是辐射能，还有大气中的水分相变（成云降雨）所伴随的热能量交换，冷暖空气流动传递的能量以及空气与下垫面之间的热量交换。一般而言，从全球长期平均温度来看，地气系统的温度变化极其缓慢，多年基本不变，所以全球应当是达到辐射平衡的。若把地球和大气作为一个整体，它受到太阳的照射，除了被反射掉的以外，地气系统吸收了一部分太阳辐射。同时，地气系统也以自身的温度和辐射特性向外辐射长波辐射。这两个过程最终会达到某种平衡。如果入射的太阳辐射有变化，或者地气系统对短波的反射率或长波辐射率有变化，这种平衡就会被打破而趋向一种新的平衡。这就是我们所说的地球热量（能量）平衡。

计算大气、地面、地气系统的各种能量是在什么水平上保持平衡是气象学的重要课题之一。不同纬度、不同下垫面上热量平衡各分量不同。例如，陆地最大蒸发量出现在赤道附近，而在副热带高压带纬度上，由于干燥，蒸发量急剧减少。与此相反，大洋的最大蒸发量出现在副热带高压纬度带上，而在赤道附近蒸发量显著减少。研究表明，热量从低纬度地区输向高纬度地区，南半球热量向北半球输送。

8.1.1 地球表面的辐射平衡

地面由于吸收太阳总辐射和大气逆辐射而获得能量，同时又以其本身的温度不断向外放出辐射而失去能量。某段时间内单位面积地表面所吸收的总辐射和其有效辐射之差值，称为地面的辐射差额或辐射平衡，可表示为：地面辐射差额 = 到达地面的太阳总辐射 ×（1 − 地面对总辐射的反射率）− 地面的有效辐射。显然，地面辐射能量的收支取决于地面的辐射差额。即当辐射差额 >0 时，地面所吸收的太阳总辐射大于地面的有效辐射，地面将有热量的积累；当辐射差额 <0 时，则地面因辐射而有热量的亏损。

影响地面辐射差额的因子很多，除考虑到影响总辐射和有效辐射的因子外，还应考虑地面反射率的影响。反射率是由不同的地面性质决定的，所以不同的地理环境、不同的气候条件下，地面辐射差额值有显著的差异。地面辐射差额的年振幅随地理纬度的增加而增大。对同一地理纬度来说，陆地的年振幅大于海洋的年振幅。全球各纬度绝大部分地区地面辐射差额的年平均值都是正值，只有在高纬度和某些高山终年积雪区才是负值。就整个地球表面平均来说是收入大于支出的，也就是说，地球表面通过辐射方式获得能量。

地面辐射差额具有日变化和年变化。一般夜间为负，白天为正，由负值转到正值的时刻一般在日出后 1 h，由正值转到负值的时刻一般在日落前 1 ~ 1.5 h。在一年中，一般夏季辐射差额为正，冬季为负值，最大值出现在较暖的月份，最小值出现在较冷的月份。

8.1.2　地球的能量平衡

从长期来看，地球和大气吸收的太阳辐射的能量与其释放的长波辐射的能量是平衡的。进入的太阳辐射中，大约一半的能量被地球吸收。通过湍流显热（上升暖流）、潜热以及地表辐射，这些能量又被传递到大气中，大气通过外逸长波辐射将这些能量辐射到太空，同时通过反向辐射到地表。

由图 8.1 可见地球、大气系统和地球表面的能量平衡及其各分量的大小。空中水的数量虽然比干空气少很多，但是它对地球吸收与反射太阳能（短波）、地球向太空放射辐射能（长波）、大气气温的高低等各种大气中的能量活动与平衡都有很重要的作用。

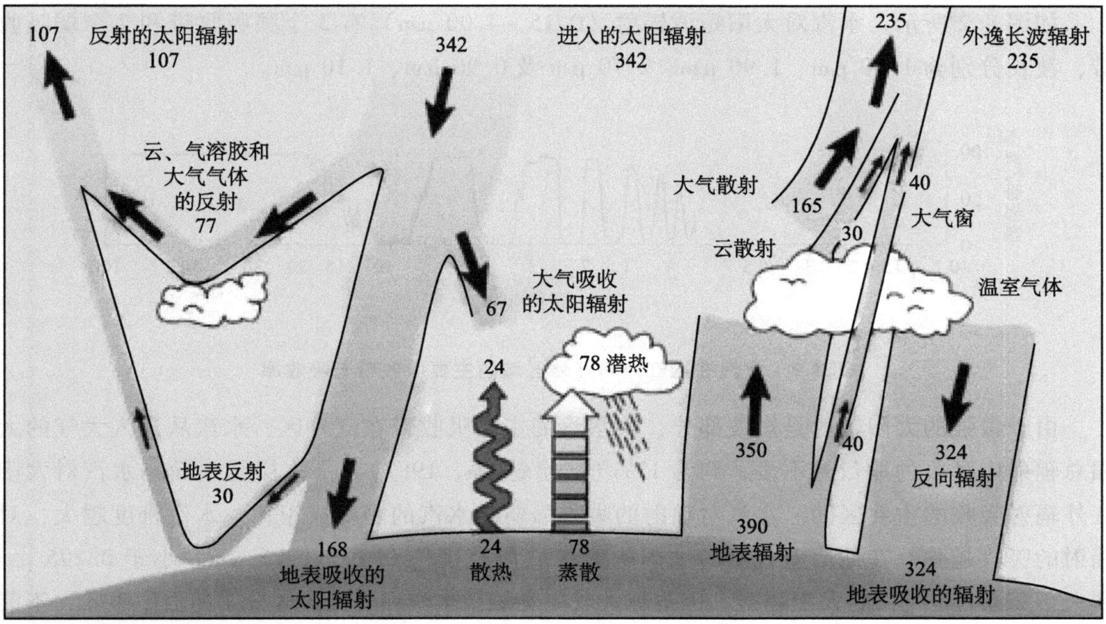

图 8.1　地球能量平衡图（单位：W/m²）

(1) 地球系统

入 (342): 进入的太阳辐射 (342)。

出 (342): 云、气溶胶和大气气体的反射 (77) + 地表反射 (30) + 大气散射 (165) + 云散射 (30) + 大气窗 (40)。

(2) 大气系统

入 (559): 大气吸收的太阳辐射 (67) + 散热 (24) + 蒸散 (78) + 地表辐射 (390)

出 (559): 大气散射 (165) + 地表吸收的辐射 (324) + 云散射 (30) + 大气窗 (40)

(3) 地球表面

入 (492): 地表吸收的太阳辐射 (168) + 地表吸收的辐射 (324)

出 (492): 地表向大气的辐射 (390) + 蒸散 (78) + 散热 (24)

8.2 水汽的吸收光谱和对太阳能的吸收

空中水的数量虽然比干空气少很多，但是它对地球吸收与反射太阳能（短波）、地球向太空放射辐射能（长波）、大气气温的高低等各种大气中的能量活动与平衡都有很重要的作用。

太阳的温度为6037 K，波长在0.15～4.00 μm的短波辐射占全部辐射能的99%以上，最强波长为0.48 μm。太阳辐射为短波辐射，波长集中在可见光（波长0.39～0.75 μm）、波长>0.75 μm的红外线及波长<0.39 μm的紫外线三个部分，以可见光与近红外为主，在可见光区约占辐射总能量的44%，红外区约占48%，紫外区约占8%。

如图8.2所示，水汽对太阳短波辐射（0.15～4.00 μm）有3个强吸收带和2个弱吸收带，波长分别为1.40 μm、1.90 μm、2.70 μm及0.90 μm、1.10 μm。

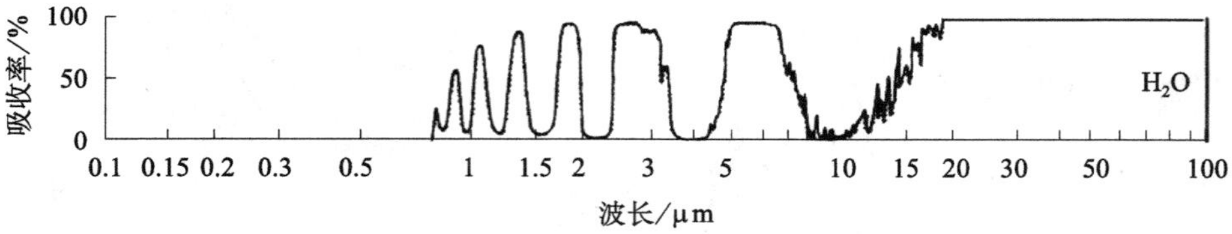

图8.2 水汽在近红外和红外区域的主要吸收带与吸收率

由于最强的太阳辐射是短波部分，而水汽的主要吸收带在红外区，水汽从进入大气的太阳总辐射中吸收的能量并不多，约为12%（陆渝蓉 等，1987）。平流层至地面是水汽对太阳红外辐射吸收的主要区间。水汽对辐射的吸收强弱与水汽的密度成正比，水汽密度越大，对辐射的吸收越强。在地面上观测的太阳辐射的波段范围为0.295～2.5 μm。小于0.295 μm和大于2.5 μm波长的太阳辐射，因地球大气中臭氧、水汽和其他大气分子的强烈吸收，不能到达地面，使得到达地面的太阳光谱发生了改变，图8.3中波长0.9 μm、1.1 μm及1.3 μm附近的吸收带与水汽对太阳红外波段辐射的吸收有关。

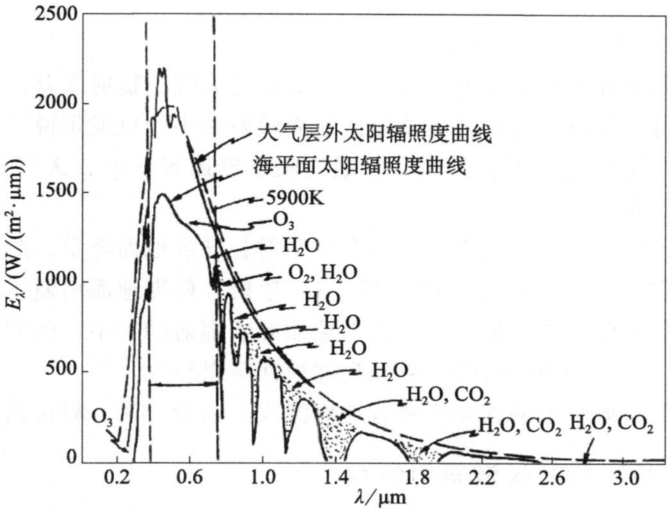

图 8.3　地球表面正常太阳光谱能量分布和主要吸收带

8.3　水的长波辐射特点（水汽、云、冰雪）

8.3.1　地面、大气的长波辐射及有效辐射

地面长波辐射大部分被云体和大气层吸收，一小部分透过大气层直射太空，大气（包括云）同时也向太空放出长波辐射，这两者之和组成由地气系统进入宇宙空间的热辐射就统称为地球辐射。地球辐射、大气辐射和地面辐射为波长大于 4 μm 的长波辐射，它只有热效应，也称为热辐射。由于地面和大气的温度（300 K 和 200 K）远比太阳温度（6037 K）低，所以地面和大气发射能量的绝大部分（99%）是波长为 4～40 μm 范围内的长波辐射，以红外辐射为主。

（1）地面的长波辐射

地面日夜不停地发射长波辐射，称为地面辐射。以 L_0 表示地面辐射通量密度。如果把地面视为黑体（黑体是一个理想化的物理模型，它能够完全吸收所有照射到其上的电磁辐射，并且不会反射和透射这些辐射），地面温度取 300 K，那么地面发射的各个波长的辐射能为：$E=\sigma T^4=5.67\times10^{-8}\times300^4=459.27$（W/m^2），辐射通量最大值对应的波长为：$\lambda_{max}=2884/T=2884/300=9.613$（μm）。可见黑体辐射强度与温度的四次方成正比。

（2）大气的长波辐射

大气也是辐射体，它向外发射出长波辐射，称为大气辐射。大气发射或吸收长波辐射的主要成分是水汽和二氧化碳。

伊沙（Idso）和杰克逊（Jackson）根据玻尔兹曼定律，提出了一个计算大气辐射通量密度（L_i）的公式。在晴空的情况下，$L_i=\varepsilon_\alpha\sigma T_\alpha^4$，其中，$\varepsilon_\alpha$ 是大气的相对发射率，$\varepsilon_\alpha=1-0.26\exp[-7.77\times10^{-4}\times(273-T_\alpha)2]$；$T_\alpha$ 是大气的温度。

大气辐射朝向四面八方，其中向下的部分称为大气逆辐射。它到达地面后，有很少一部分被地面反射，大部分被地面吸收。大气逆辐射的强弱与大气层的温度、湿度、云量等因素有关。

(3) 地面有效辐射

地面有效辐射是地面发射的长波辐射与地面吸收的大气逆辐射之差。一般来说，大气的温度要比地面温度低，所以大气逆辐射总是比地面辐射要小，也就是说，地面会通过有效辐射损失热量。在某些特殊情况下，例如，当强的暖湿气团侵入时，大气逆辐射超过地面辐射，这时地面获得热量。

在夜晚或没有太阳辐射的情况下，地面有效辐射会导致地面降温，此时地面损失热量而大气得到热量。而在白天，太阳辐射能量超过有效辐射，使得地面增温。此外，天空的云层和湿度也会影响大气逆辐射的强度，进而影响地面有效辐射的大小。例如，在阴雨天，由于大气逆辐射的增强，有效辐射将减少，导致夜间地面降温较少。

通常，影响地面有效辐射的因素主要有地面温度、云量、风、海拔高度和冰雪。

8.3.2 水汽、云和冰雪的长波辐射特点

水汽对长波辐射的吸收在大气科学中是一个重要的现象。地面发出的长波辐射，大部分被大气中的水汽和 CO_2 所吸收，其中水汽对长波辐射的吸收更为显著。水汽的吸收带主要在红外区，几乎覆盖了大气和地面长波辐射的整个波段，其中吸收作用最强的是波长分别位于 6.3 μm 和 13.0 ~ 1000 μm 的两个波段。水汽放出长波辐射作用最强的波段与吸收作用最强的两个波段相同。

云的辐射吸收带和水汽的吸收带相对应，但波段向长波方向移动。云中云雾滴形式的液态水的吸收系数很大，对于长波辐射而言，100 m 厚的云层就相当于黑体，能够吸收来自地面的绝大部分长波辐射，并向四面八方放射出相应的长波辐射。

云对于地面有效辐射的影响最大。云层既能阻挡地面长波辐射逸回太空，又能增加大气逆辐射，减少地面有效辐射的损失。云层愈密愈低，其逆辐射量就愈大，就愈能强烈地减弱地面有效辐射。

地球上各种形式水的总量估计为 13.84 亿 km^3，其中 97.4% 是海水。就淡水来讲，其中 80% 是以冰和雪的形式存在的。由于冰雪表面的温度比其他地面更低些，其长波辐射能力很强，几乎与黑体完全一样，这就使得冰雪表面的有效辐射在相同温度条件下要比其他的下垫面大。冰雪的导热率很小，当冰雪层厚度达到 50 cm 时，地表和大气之间的热量交换基本上被切断，因此大气就得不到地表长波辐射所造成的热量输送。

8.4 云对日光的反射作用

云中水滴和冰晶的散射，使云体表面成了比较强的反射面。云层覆盖了大约 50% 的地球表面，云顶表面又具有较大的反射率，这就使得到达地面的太阳辐射大大减少，而返回宇宙空间的辐射能量加大。因此云层在地-气系统的辐射过程中有极为重要的作用。

飞机、气球和卫星的一系列观测表明，云的反射率既依赖于云的厚度、相态、微结构及含水量等云的宏微观特征，也与太阳高度角有关，一般来说，云的反射率随云层厚度、云中含水量的增加而增大。

云可以把 23% 的太阳辐射能给反射回太空，因此云的反射作用对太阳辐射影响很大。

云对太阳辐射的反射作用最为重要，尤其以云层对太阳辐射的反射最为明显，散射作用次之，吸收作用相对最小。

8.5 水汽和云对长波辐射的影响

水汽和云对长波辐射的影响主要体现在它们能够吸收和散射地表发出的长波辐射，从而影响地球的能量收支平衡。水汽是大气中吸收长波辐射的主要成分之一，它能强烈地吸收地表发出的长波辐射，并放出长波辐射，这直接影响到地面和空气的温度，进而影响到大气的运动和变化。此外，云能够散射和吸收来自太阳的短波辐射，阻挡地表向外发射的长波辐射，同时向地表和太空发射长波辐射，对地球的能量收支起着关键性的作用。

8.5.1 水汽对长波辐射的影响

水汽对长波辐射的影响主要体现在其强烈的吸收能力上。从图 8.2 可见，水汽对于来自地面的波长 >18 μm 的长波辐射的吸收率达到 100%。水汽还可向四面八方放射出长波辐射。在比较晴朗的天空，大气长波辐射主要是由大气中的水汽、二氧化碳及少量臭氧发射的。

这种吸收和再辐射的过程直接影响到地面和空气的温度，进而影响到大气的运动和变化。特别是在夜间，干燥地区由于水汽的缺乏，导致夜间降温剧烈；而湿润地区则因为地面能接收到较多的大气辐射，使得降温和缓。此外，水汽不仅是吸收地面长波辐射的主要成分，还能通过蒸发和凝结过程吸收和放出潜热，进一步影响地面和空气的温度。例如，夏天雷雨过后，雨滴蒸发成水汽时吸收了空气中的热量，使人感到凉爽。这种现象说明了水汽在调节地球能量平衡中的重要作用。

8.5.2 云对长波辐射的影响

云的辐射吸收带和水汽的吸收带相对应，但波段向长波方向移动。100 m 厚的云层就相当于黑体，能够吸收来自地面的绝大部分长波辐射。云还会向四面八方放射出长波辐射。云层愈密愈低，其逆辐射量就愈大，就愈能强烈地减弱地面有效辐射。

云量每增加 1/10，大气长波辐射就会增加 6 W/m^2。当天空全部被云遮蔽后，地面获得的辐射中，大约有 30% 是来自大气长波辐射。

此外，地面所获得的太阳净辐射能量以蒸发潜热方式传给大气是地面向大气传输能量的重要方式之一。地面获得的47% 的太阳净辐射能，通过湍流输送以感热方式传给大气约 5%，通过蒸发以潜热方式传给大气约 22%。可见，与水汽和云的形成相关的地面水分蒸发消耗了约 46.7% 的地面净辐射能。

8.5.3 水汽的温室效应

（1）温室效应

二氧化碳（CO_2）和水汽等被称为温室气体。温室气体有效地吸收地球表面、大气本身相同气体和云所发射出的红外辐射，重新发射红外辐射，其中有一半返回到地表，在夜间持续辐射，使地表不会因缺乏太阳辐射而变得太冷。温室气体这种减少地热量散失的作用，称为温室效应。正是大气中温室气体的存在，使地表维持在大约 15 ℃的平均温度，为人类和整个生物圈提供了一个温暖的环境。100 多年前大气中温室气体浓度是非常稳定的。工业革命以来，人类活动产生大量温室气体，CO_2 的大气浓度由 1800 年前的 280 ppmv（即 100 万单位体积气体中含有 280 个单位体积的 CO_2）增加到 2000 年的 380 ppmv。气象专家预测，CO_2 浓度增加 1 倍，全球地面温度将升高 1～5 ℃（丁惠萍 等，2003）。

（2）水汽的温室效应要强于 CO_2

有科学家指出，全球年平均降水量达 5.77×10^{14} m^3，按 2500 kJ/kg 的凝结潜热值计算，所释放的潜热约 1.44×10^{21} kJ，如果考虑水蒸气（水汽）直接凝华成冰，潜热量将更大些。假定这些潜热中的 45% 发射向地表，55% 发射向宇宙空间，可折合计算出发射向地表的潜热辐射强度约 40 W/m^2，远大于 IPCC 估算的 CO_2 等温室气体（CO_2 占其中的约 60%）2.43 W/m^2 的辐射强迫值，也就是说，IPCC 的气候模式并没能很好地认识大气温室效应。不仅如此，根据大气辐射特性，水蒸气本身吸收地表长波辐射的能力也大于 CO_2，大气中水蒸气的浓度又远远大于 CO_2，如果按 1% 的平均水蒸气浓度计算，仅从热容量的角度，CO_2 的温室效应也只有水蒸气的 4%。因此，综合考虑水蒸气凝结相变辐射和大气中水蒸气的热容量，CO_2 的大气温室效应完全可以忽略不计。基于这一分析，我们完全有理由怀疑全球气候变暖的原因是因为人为 CO_2 排放的增大而引起的。

水蒸气吸收长波辐射能力为什么比 CO_2 强？其原因在于，首先是水分子中氧原子和氢原子的相对原子质量相差很大，外层电子强烈地偏向一方，这种性质使水蒸气（水汽）在遇到地面反射回高空的长波辐射时，吸收能力比 CO_2 还强；其次是水蒸气会随陆地温度的不同改变自己的状态，由气态变为液态或固态，或者反之，水的固体、液体、气体形态转化的过程伴随着吸热或放热，因此，水蒸气对大气的影响比在大气中仅以气态形式存在的二氧化碳要大得多。

（3）平流层水汽变化与全球变暖

卫星观测等数据显示，在 20 世纪的最后 20 年，地球大气平流层的水蒸气（水汽）浓度先是逐渐增加，但从 2000 年至今，其浓度下降了约 10%。美国研究人员根据这些数据以及气候模型进行分析后发现，自 2000 年以来平流层水蒸气浓度的下降对全球平均温度的变化产生了影响。测算显示，平流层下部水蒸气浓度下降很可能是促使全球平均气温走势“扁平化”的一个重要因素，这一动向促使过去 10 年全球变暖的速度减缓了大约 25%，而在 1980—2000 年平流层水蒸气浓度增加期间，全球变暖正处于加速时期（任海军，2010）。

8.6 水汽相变的能量交换

8.6.1 水的相变

常温下，大气中的水分有三态，即水的三相：固、液、气。在一定条件下，水的三相之间能够互相转化，称为水的相变（图 8.4）。大气中的水分经常不断地从一种形态转变为另一种形态，但绝大多数情况下以气态存在于大气中，同时，水的相变过程伴随着能量转化和交换，这种能量称为潜热（能）。

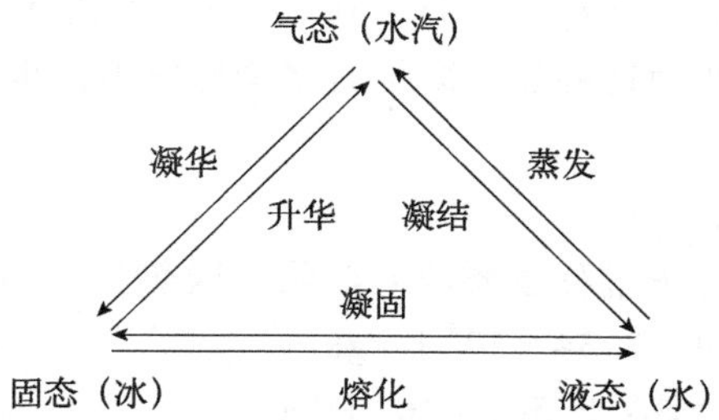

图 8.4　水的相变

8.6.2　相变的判据

（1）分子物理学判据

从分子运动观点来看，水分子不停地运动着，水的相变是各相之间分子交换的结果。例如，在液态水和水汽两相共存的系统中，水汽分子和液态水分子都在做杂乱无章的随机运动，在液态水的表面层，运动较快且具有较大动能的分子，可以克服周围水分子对它的吸引而冲出水面变成水汽分子，水汽分子之间互相碰撞，由于水汽分子受液面水分子吸引，其中有一些水汽分子便会落入水中，因此在同一时期内，水面上既有液态水分子冲出水面变成水汽分子，又有水汽分子落入水中变成水分子。

假设 N，n 分别表示单位时间内冲出水面的分子数与落入水面的分子数。如 $N>n$，表示一部分水变成水汽，这种水—水汽过程称为蒸发；$N<n$，表示一部分水汽变成水，这种水汽—水过程称为凝结；$N=n$，表示水汽与水之间交换的分子数相等，达到动态平衡。因此，可得到水和水汽两相之间变化的判据：$N>n$ 蒸发过程；$N<n$ 凝结过程；$N=n$ 动态平衡。

由于实际工作中同一时间脱离液面的分子数 N 与落回液面的分子数 n 难以直接测定，因此常用空气的实际水气压与同温度下的饱和水汽压来判断。

（2）饱和水汽压判据

温度高，则分子动能大，就易溢出水面变成水汽，所以 $N \to t \to ew$。同理，水汽密度大则较易落入水面变成水分子，所以 $n \to \rho \to e$。

在一定温度下，状态方程 $e=\rho RvT$，ρ 与 n 成正比，所以 e 与 n 也成正比。同理，ew 与 N 也成正比，把 N 用 ew 代替，n 用 e 代替可得：

$ew>e$ 蒸发（未饱和），$e/ew>1$，$T-T_d>0$；

$ew<e$ 凝结（过饱和），$e/ew<1$，$T-T_d<0$；

$ew=e$ 动态平衡（饱和），$e/ew=1$，$T-T_d=0$。

8.6.3　水汽相变的能量

在水汽相变过程中，也发生能量转换，这种在相变时所吸收或消耗的热量称为潜热。

（1）蒸发潜热与凝结潜热

当水蒸发由液态水跑出水面变为气态的水汽时，由于跑出去的都是具有较大动能的水分子，使液面温度降低。若保持水温不变，就必须自外界供给热能，这部分热能就等于蒸发潜热，用 L 表示。

在 0 ℃和一个标准大气压下，$L=2.501\times10^{6}$ J/kg。也就是说，1 kg 水蒸发为同温度的水汽所需消耗的热量。蒸发所消耗的热能凝结时将全部放出，也就是凝结潜热。同温度下蒸发潜热与凝结潜热相等。

（2）升华潜热与凝华潜热

由冰直接转变为水汽的升华过程也要消耗热能（吸热），它包括两部分：

冰—水所消耗的融解潜热：3.34×10^{5} J/kg；

水—水汽所消耗的蒸发潜热：2.501×10^{6} J/kg。

共消耗潜热为 2.835×10^{6} J/kg。

同温下，凝华潜热与升华潜热相等。

8.7 空中水在能量平衡中的作用

空中水的主要形式——云，可以把 23% 的太阳辐射能反射回太空，并吸收 12% 的太阳辐射，大气仅吸收 3%（陆渝蓉 等，1987），使得 35% 的太阳辐射能不能到达地面，从而对地表及地球的辐射平衡产生重要的影响。

在大气系统的热量平衡中，大气收入的总热量为地球接收太阳辐射总能量（255 kcal①/（cm^2 · a））的 135%，其中凝结潜热占 22%，湍流输热占 5%，吸收的地面辐射占 91%，吸收的太阳辐射占 17%，为保持大气的热量平衡，大气通过长波辐射放出 135% 的热量（陆渝蓉 等，1987）。可见，尽管降水所释放的凝结潜热仅约占大气收入总热量的 16.3%（22/135），但由于它具有高度的随机性（如海洋蒸发形成的云，可到大陆腹地形成降水，所释放的潜热会影响大陆上空大气的热量平衡），频繁进出下垫面，在大气的热量平衡中却具有不可替代的重要作用。此外，地球多年平均的热量平衡为：$B=r$，即蒸发消耗的热量等于降水释放的凝结潜热。就多年平均而言，全球平均每年有 1000 mm 的降水量，意味着空中的水汽每年要产生与 1000 mm 相对应的凝结潜热，这个凝结潜热与全球蒸发所消耗的热量相等，对地球的热量平衡至关重要。

根据 1918—1967 年的资料，联合国教科文组织于 1978 年公布了当时最新的全球水量平衡成果（图 8.5）。海洋与陆地之间的水量交换有 4.7 万 km^3，即全球海洋每年向全球陆地输送 4.7 万 km^3 的水汽，陆地则以相同水量的径流“归还”海洋，完成全球尺度的水量平衡。全球降水量与全球蒸发量均为 57.7 万 km^3，水量是平衡的。对于海洋而言，每年的蒸发量为 50.5 万 km^3，降水量为 45.8 万 km^3，其差额即是每年海洋向陆地的水汽输送量。对于陆地而言，每年的降水量为 11.9 万 km^3，蒸发量为 7.2 万 km^3，其差额即是每年陆地流向海洋的径流量。径流完全来源于外流区，内流区每年 0.9 万 km^3 的降水量全部消耗于蒸发之中。可见，对于全球水量平衡而言，海洋流向陆地的空中水分为 4.7 万 km^3，约占受热量驱动而蒸发的总水量 57.7 万 km^3（海洋蒸发 50.5 万 km^3 和陆地蒸发）的 8.1%，其作用是将海洋热量以空中水分所携带潜热的形式向大陆输送，最终以降水的形式在陆地降落，并释放出潜热（王守荣 等，2003）。可见，与蒸发和降水相关的空中水在全球水量平衡中具有极为重要的作用。

---

① 1 kcal = 4.18 kJ。

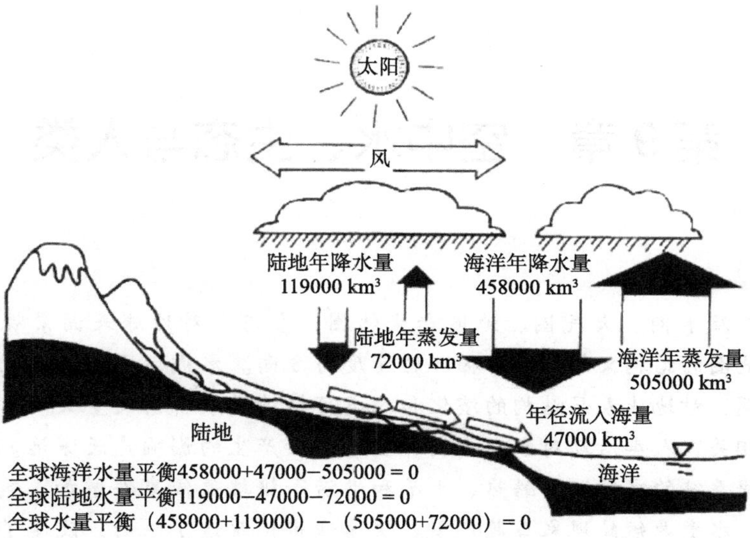

图 8.5　全球水量平衡

综上所述，尽管空中水（云、降水和水汽）在大气中占的质量比例仅为3‰，但每年进出下垫面（海洋和陆地）的水分数量却几乎是空中水分的40倍（张学文 等，2010）。由于水汽的三态变化、高度的可流动性及频繁进入下垫面，因此对地表及地球的辐射平衡、大气及地球的热量平衡、地球的水量平衡以及大气低层温度形成和维持具有极为重要的作用。

练习题

1. 空中水中的“云”把百分之几的太阳能反射到太空？大约吸收百分之几？
2. 大气中的水汽、云和二氧化碳能吸收地面辐射通量的百分之几？
3. 水汽和 CO_2 吸收长波辐射的能力哪个强？大约强多少？
4. 降水凝结潜热在大气热量平衡中的作用如何？

第 9 章　空中水、生态与人类

水循环广及水圈、大气圈、地圈和生物圈，参与了对地球表面景观、架构的塑造，反过来地圈的结构又约束着水循环的速度与方向。水循环还制约着地球生态环境的平衡与协调，对地球表层结构的演化和人类可持续发展都意义重大。水分平衡与生态平衡息息相关，人类活动对水分平衡和生态平衡产生的影响广泛深远。全球气候变暖加速了地球系统的水循环，酷热、干旱和洪涝等极端气候事件增加，随着经济发展和人口膨胀，水资源短缺现象日趋严重。快速城市化改造了陆面，改变了水文循环条件，打破原本的水量平衡，造成了城市内涝、城市供水紧张、地下水枯竭、城市水环境污染等问题。解决城市化中的暴雨洪水问题，应转变防洪理念，从以下几个方面着手：一是改造城市雨水管网；二是进行城市雨水收集；三是降低绿地高程，提高绿地入渗能力。

9.1　水分循环与地球景观

水是地球上分布最广泛的物质之一。地球上被水覆盖的面积占地球表面积的 71%。地球上的水以液态、固态、气态三种形式存在于地表、地下、空中，成为海洋水、河川水、湖泊水、沼泽水、土壤水、地下水、冰川水、大气水以及存在于动植物有机体内的生物水。全球水循环是水三种相态的闭合循环，水汽从海洋、湖泊、河流等水汽充沛的区域通过水分循环以降水的形式输送到内陆等水汽不足的地区。水循环广及整个水圈，并深入大气圈、地圈和生物圈，同时通过无数条路线实现循环更替，使海洋、河川、湖泊、沼泽以及土壤、岩石、植被乃至动物和人类体内的水都在不断地进行更新，形成了地球上形态各异的景观，如海洋、湖泊、湿地、绿洲、沙漠、沼泽等。

地球景观的多样性影响着水循环，水循环又反过来作用于地球景观，引起其变化。二者的相互作用，完成了对地球表面景观、架构的改造。水分在空中的循环联系着降水和蒸发，它是地球上最重要的物质循环，是陆地生物的水源，是淡水资源的天然制造厂。降水、蒸发是水分循环的主要形式，通过两者的作用，地球表面的水分布发生变化，导致各个地区受到水的重力负荷发生改变，从而导致地圈形变、地面升降及地貌形态的变化。

地圈的结构影响了与地表径流相关的各种因素，从而控制着径流的速度与方向。地圈的结构决定了水系的形状，如放射状、环状、格子状、树枝状，还决定了流域的大小、形状和性质。流域之间的界限是分水岭，分水岭往往是在地圈构造运动中形成的，是流域水循环的基本地域单元分界线，因此地圈的结构在一定程度上影响并控制水循环。岩石的结构也影响着水循环，岩石的孔隙率和裂隙率决定了岩石的含水能力，其连通性决定了岩石的透水性，这些成为地下水形成与流动的地质基础，从而影响着水循环，尤其是地下水循环的速度与方向。在水的作用下，地貌的改变呈现出不同的特点，主要区分为流水地貌、海岸地貌和河口地貌三种类型。流水地貌是通过流水的作用而形成的各种地貌形态。流水对地貌的改变有三种作用，即侵蚀、搬运和沉积作用，与水的流速、流量和含沙量有关。当流速、流量大或含沙量少时，就发生侵蚀作用，从而增加含沙量；当流速、流量小或含沙量大时，就发生沉积作用，以减少含沙量。地貌形态的改变反过来制约了水力条件，调节着流水对地貌的作用。根据不同的地理条件，流水地貌可划分为坡面流水地貌、沟谷流水地貌和河流地貌。海岸地貌分布在海洋和大陆接触地带。水圈与地圈的相互作用，决定了海岸线的轮廓与进退、海岸的坡度。在侵蚀和堆积作用下，海岸线一般趋向于平直。海水对海岸的侵蚀作用主要包括冲蚀、磨蚀和溶蚀作用。河口地貌发生在河口地区，是河水与注入水体（海洋、湖泊、水库）作用地表的结果。河口具有两种介质（河水与注入水体）、三重作用（河流、波浪和潮流）、双向水流、快速沉积和生物生产率高等特点。河口地区最大的地貌单元是三角洲（堆积作用大于侵蚀作用）和三角港（侵蚀作用为主），次一级为河口沙坝和沙嘴。

水是塑造地形的外动力中最活跃的因素，它对地球表面的轮廓和构架进行改造，从而改变了地圈表面的形态，在水的作用下，形成了河谷、海滩、海蚀柱、峰林、石笋、石柱、钟乳石等；由于水的侵蚀，在黄土区形成了塬、梁、峁，在高原边缘，在山地与平原或山地与盆地过渡区域，形成了峡谷、悬谷和飞瀑；由于固体水（冰川）的作用，形成了冰斗、U型谷、角峰、刃脊。此外，水与岩石的形成有关，如沉积岩的剥蚀、搬运、沉积、成岩过程，地表的轮廓在水的作用下得以形成，如河谷、河口、海滩、冰斗等。岩石在形成过程中都需要水的参与，如果离开了水，岩石的风化、剥蚀的效率就会大大降低。地圈的结构又约束着水循环的速度与方向。地圈的变形可改变水圈的结构，如水的厚度，水的重力负荷发生改变后，又引起新的地圈变形。在水的作用下，地表岩体发生断裂或破碎，引起滑坡、崩岸、泥石流等灾害。

水循环通过蒸发和降水这两种主要方式在海陆之间进行着物质和能量的交换转移，空中水在水循环的过程中实现了从水汽充足的地域输送到贫乏的地域。蒸发与降水差值的多寡影响着该地区植被的生长，在水分充足的地域，植被生长旺盛，适宜雨林、阔叶林等的生长，植被多以此为主；在半湿润和半干旱地区，水分相对较少，以草原、平原等景观为多；在水分缺乏的地区，由于大多数植被无法正常生长，多以荒漠、沙漠、戈壁等地貌形态为主。在北极和南极地区，由于异常寒冷，大陆常年以冰雪覆盖，便形成了寒带冰原景观。地表植被类型的空间分布是长期气候适应的结果，同时植被对气候又有一定的反馈作用。不同的植被群体，其地表能量的分配和转换机制不同，造成地气间水分和热量循环的强度分布不均。随着人类影响的日益加剧，农业用地取代自然植被，地表植被覆盖类型变化更加剧烈，引起区域气候环境的形成和变化。由于植被与气候之间的相互作用和相互适应，植被覆盖状况随时空变化极大，对气候的影响也较其他陆地覆盖类型显著。依据气候的不同，由此按照降水和温度的不同将全球划分为不同的自然带。比如在我国，根据降水量不同可划分为湿润地区、半湿润地区、半干旱地区和干旱地区。湿润地区为干燥度 <1.00 的地区：降水量一般在 800 mm 以上，空气湿润，蒸发量较小，自然植被是各类不同的森林，耕地以水田为主，水稻为主要

粮食作物，主要分布在秦岭—淮河一线以南的广大地区，其他分布在青藏高原东南部边缘及东北三省的北部和东部地区。半湿润地区为干燥度在 1.00 ~ 1.49 的地区：降水量一般为 401 ~ 800 mm，自然植被为森林草原和草甸草原，属湿润地区森林带和半干旱地区草原带的过渡，耕地大多是旱地，水田只分布在有灌溉的地区，包括东北平原大部、华北平原、黄土高原东南部以及青藏高原东南部。半干旱地区为干燥度为 1.50 ~ 3.99 的地区：降水量一般为 200 ~ 400 mm，蒸发量明显超过降水量，自然植被是温带草原，耕地以旱地为主，包括内蒙古高原的中部和东部、黄土高原和青藏高原的大部，整个半干旱地区从东北向西南分布，该地区是我国最重要的牧区。干旱地区为干燥度 > 4.00 的西北内陆：包括塔里木盆地、准噶尔盆地、柴达木盆地、内蒙古西部和青藏高原西北部地区，年降水量小于 200 mm，很多地区甚至小于 50 mm，自然景观是半荒漠和荒漠，只有在有水源的地区可发展绿洲农业，局部地区可发展牧业。

降水是径流的源泉，径流过程都是由流域上降水过程转换来的。降水和蒸发的总量及其时空分布和变化特性，决定了径流组成的多样性和径流变化的复杂性。地理位置，如纬度、距海远近、面积、形状等；地貌特性，如山地、丘陵、盆地、平原、谷地、湖沼等；地形特征，如海拔高程、坡度、坡向；地质条件，如构造、岩性；植被特征，如类型、分布、水理性质（阻水、吸水、持水、输水特性）等。上述因素在空间上的组合，构成了下垫面条件的差异，这种差异足以构成径流产生方式的差异。

水循环实现了地球系统水量、能量和地球生物化学物质的迁移与转换，构成了全球性的连续有序的动态大系统。水循环联系着海、陆两大系统，塑造着地表形态，制约着地球生态环境的平衡与协调，不断提供再生的淡水资源。因此，水循环对于地球表层结构的演化和人类可持续发展都意义重大。第一，水循环深刻影响着地球表层结构的形成、演化和发展。它不仅将地球上的各种水体组合成连续、统一的水圈，而且在循环过程中渗入大气圈、地圈与生物圈，将地球上的四大圈层紧密地联系起来。水循环在地质构造的基础上重新塑造了全球的地形地貌，同时影响着全球的气候变迁和生物群落。第二，水循环的实质就是物质与能量的传输过程。水循环改变了地表太阳辐射能的纬度地带性，在全球尺度下进行高低纬、海陆间的能量再分配。水是一种良好的溶剂，也是出色的“搬运工”，水循环负载着众多物质不断迁移、聚集。第三，水循环是地球系统中各种水体不断更新的总和，使得水成为可再生资源，根植于人类社会和历史的变迁之中。水循环强弱的时空变化是制约一个地区生态环境平衡和协调的关键，同时影响着地区内生物体的分布与活动。

9.2 水分平衡与生态平衡

大气圈是由气体和悬浮物组成的包围地球的复杂系统，水圈是地球表层水体构成的连续不规则的圈层。由地表水、地下水、大气水、生物水等组成，处于不断的循环运动之中。生物圈是地球表层生物及其生存环境的总称，占有大气圈底部、水圈全部和岩石圈上部，相互影响和制约。

森林、灌丛、草地、荒漠植被、湿地植被等各种类型的植被，是生态环境的重要组成部分。它可以含蓄水分，调节地表径流，控制土壤侵蚀，保护水质，改善流域水环境，森林、灌丛、草地三种植被的水文功能大小取决于各种植被的具体种类、结构和生长情况。森林植被蒸散需要消耗的水量相对较大，特别是在干旱地区，不包括高山森林，随着森林覆盖率的增加，流域产水量的减少比较明显。

水分平衡与生态平衡息息相关，大气圈、水圈、生物圈、地圈等组成生态系统，其中水圈在生态系统中扮演着重要角色，水圈与大气圈、生物圈、地圈都有着密不可分的关系，它们相互联系、相互制约、相互渗透、相互影响，水分的平衡对于大气圈、生物圈、地圈乃至整个生态系统的平衡有着至关重要的作用。人类活动对水分平衡和生态平衡产生的影响广泛而深远，通过直接或间接的方式导致水分的不平衡和生态环境的日益恶化。

水资源是地球生物圈不可或缺的全球性资源，是生态系统物质循环和能量循环的主要载体，对于人类文明来说已被提高到战略资源的角度来认识。随着经济社会的快速发展，人类生存面临着各种各样的水资源问题。全球气候变化造成的影响有海平面上升、影响农业生产、影响水循环、增加降水极端异常事件发生、加剧水资源的不稳定和供需矛盾等。水循环使得水资源不断更新，维持全球水的动态平衡，进行能量和物质的交换转移，是海陆间联系的主要纽带，不断塑造着地表形态。

水分平衡和水循环是同一过程的不同描述。对水循环的认识用质量守恒定律解释，就是水分平衡。地球上的总水量接近一个常数，即全球水量是平衡的，对于某一地区而言，一定时段内水的收入和支出的差额等于该区域的储水变化量。就长时间尺度看，全球的储水变化量趋于零。大量的研究都基于水量平衡的概念，尽管不同的作者估算值不尽相同。

水分平衡是一个随时间变化的动态过程，20 世纪 70 年代以来，人们逐渐意识到人类活动对地球环境自然变化的干扰。由于二氧化碳和其他温室气体无限制地排放，远远超过了自然状态下此类气体在大气中的含量，这些变化可能导致的一种结果是，全球气候变暖，引起海平面上升，从而改变全球水量平衡的格局。

生态环境问题多样性主要表现在水资源供需矛盾尖锐、水土流失严重、土地荒漠化、草地退化严重等。西北地区为我国水资源最贫乏的地区，水土资源不匹配，如新疆乌鲁木齐河流域、内蒙古和陕西接壤地带。水分的过度利用，导致了地下水位下降、地下水漏斗、河湖断流萎缩或干涸、土地沙漠化等一系列不良生态后果。水资源是西北地区生态环境构建的基础和变化的动力因子。在水资源贫乏、时空分布不均的自然基础上，由于人口迅速增加造成对脆弱水资源系统的压力剧增，又由于人类的工程措施与非工程措施不力，从而形成在人类驱动下，水－经济－生态的时空耦合进入恶性循环状态，导致了我国西北地区水资源及生态环境问题的产生。绿洲与荒漠的演替是双向的，但是不对称、退化易、恢复难。人工绿洲和荒漠化土地增加，而林地、草地和天然水域减少。人类过度的经济用水挤占生态用水，上中游过度用水挤占下游用水，导致下游荒漠扩展，生态环境恶化，引发人口向上中游迁移，导致上中游地区的用水增加，生态压力加大，从而使荒漠从下游向上中游扩展，最终导致整个流域不再适合人类居住，使当地居民沦为生态难民，从而形成时空耦合的恶性循环机制。

青藏高原水资源面临的主要问题是冰川退缩，雪线上升，湖泊萎缩干涸，河川径流量减小或断流、干枯，沼泽正在消失，高原整体水生态急剧恶化。自然界中的水文系统和生态系统是两个十分复杂、相互联系、相互交叉的大系统。在研究水文模型、水文过程以及生态环境演变与调控、可持续水资源管理等问题时，需要把水文系统与生态系统耦合在一起进行研究，定量研究水文系统与生态系统之间的内在联系，这将为可持续水资源管理，量化研究、生态环境调控与管理奠定水文学、生态学基础。青藏高原江河源区有着独特的地理环境，水热状况决定着下垫面土地利用和植被覆盖的空间分布。在全球变化的背景下，江河源区植被退化、冰川消融、水土流失等问题日益严峻。

9.3 农耕、城市、绿洲、地貌对蒸发的影响

陆地表面2/3的降水都用于蒸发，因此蒸散在水循环中占有重要的地位。蒸发将大量的水汽和能量输送到大气中，而能量和水汽的传输直接影响着大气状态和地球气候系统。蒸发对地表温度、地表气压、降水和大气运动等参数的确定具有重要作用。地表向上的物质和能量通量涉及水分由液态向气态的转变过程。蒸发是与降水相反的物质通量，以水汽形式存在，不像降水那样看得见、摸得着。水汽通量出现在自由水面和湿润土壤表面的蒸发过程以及植物叶片的蒸腾过程中。当周围空气的水汽压梯度差小于蒸发蒸腾表面的水汽压，同时存在外部来源时，就会发生自由水面蒸发、裸土蒸发或植物蒸腾。

农耕对蒸发的影响，因农耕的植被品种不同，叶片由于呼吸作用和光合作用对水分的需求和散发不同，进而导致植被的水分蒸发量不同，对于地下水分的吸收和蓄水量不同。由于农耕的需要，人类在耕地不足的地方进行围湖造田、围海造田、将牧区变为耕地、砍树造田，由于湖泊、海洋面积的减少，为沿岸的陆地输送的水汽也随之减少，其附近的生态环境受到了严重影响，有些甚至遭到了不可逆的破坏。这些不但影响了水文资源的自然循环，而且由于农耕破坏了原有植被，人为的耕种、松土使地表的土壤结构发生变化，土壤含水量也随之逐渐变化，在一些地区由于农耕造成水土流失严重。森林对于调节气候的作用十分巨大，由于可以增加空气中的水汽含量，吸收二氧化碳，植物的截留作用和植物本身影响着地表吸收的太阳辐射量等，森林对于水循环中的蒸发和降水都有着不容忽视的影响。因此，农耕严重影响着蒸发。因为农耕对于蒸发的影响之大，对于整个水循环和生态系统的平衡的关系之大，国家实施了退耕还林、退耕还草的政策方针，对于防治我国生态环境的恶化有着重要作用。

在城市化过程中，原有的植被、土壤被道路、广场、建筑等人工陆面所替代，蒸发的性质也发生了改变。由于人工陆面没有持水能力，相对于土壤蒸发和植物散发，其蒸发持续时间短，可蒸发的水源也相应减少；城市热岛效应使得市区气温升高，在一定程度上加大了蒸发强度，而由于蒸发时长的缩短，在蒸发总量上有所减少；城市中的建筑物对于风速具有明显的影响，遮挡作用在一定程度上可以减小风速，而在建筑物间隙的风速如何改变是难以预计的；同时，高度城市化地区空气湿度较城市郊区低。综合来看，城市化后的蒸发量相对于自然条件下有所减少。城市的实际表面中，平均占50%以上的非绿地表面（广场、道路、建筑等）通常对太阳辐射具有75%以上吸收率，反射率较低，因为城市功能需要，这些非绿地表面不可能使其具有较高的反射率，导致城市表面比绿地表面过多地吸收蓄积太阳辐射热而形成热岛。如果重视城市非绿地表面的蒸发耗热作用，对于削减地面过多蓄积太阳辐射热从而减缓城市热岛效应将是十分理想的。

沙漠内植被对蒸发的影响明显。绿洲是干旱区所特有的一类景观，它的形成与干旱气候有关。作为干旱区人类生存和生产核心场所的绿洲稳定与否，直接关系着区域社会经济的持续发展。

蒸发的陆地表面阻抗受到地表粗糙度、植被冠层结构、土壤类型、土壤结构以及土壤和

植被表面湿度等因素的影响。风是影响大气阻抗的主要因素，同时地表几何特征和大气稳定性也对其产生一定的影响。一般来说，风能够促进水分离开地表，并保持一定的水汽梯度，有助于达到最大蒸发。自然水分散失依赖于净辐射、风速和湿度等气候因子以及土壤类型、土壤含水量、植被根深和土地管理实践等物理因素。

9.4 气候变化对降水的影响

水文循环、水资源变化与气候条件紧密相连，水、气相互作用是气候系统的基本特征之一。气候变化影响区域降水量、降水分布和流域产流量，会引起水资源侧支循环（水资源供需）的变化，从而影响水资源的可持续利用。

全球气候变暖后水资源供给状况会出现很大变化，主要表现在以下方面。①江河流量将发生变化。②水资源的供需状况将出现变化。气候变化产生的缺水量小于人口增长及经济发展引起的缺水量，气候变暖对农业灌溉用水的影响，远远大于对工业用水和生活用水的影响，尤其是在降水趋于减少或蒸发的增加大于降水增加的地区。③旱涝灾害出现的频率将发生变化。气候变暖可能增强全球水文循环，使全球平均降水量趋于增加，蒸发量也会因全球平均温度增加而增大，从而全球未来旱涝等灾害的出现频率会增加。④一些地区的水质将出现变化。气候变暖后，一些地区由于蒸发量加大，河水流量趋于减少，可能会加重河流原有的污染程度，同时，河水温度的上升也会促进河流里污染物沉积、废弃物分解，进而使水质下降。

全球气候变暖加速了地球系统的水循环，全球总降水量在过去100年有增加趋势，但在干旱与半干旱地区减少，酷热、干旱和洪涝等极端天气气候事件增加。IPCC第三次评估报告指出，20世纪全球温度呈上升趋势，升高0.6 ℃左右，同时降水分布也发生了变化，北半球亚热带陆地地区每10年减少约0.3%，而大部分中高纬地区降水量每10年增加0.5%～1.0%。我国地处北半球副热带和中纬度地区，在全球气候变化的背景下，中国气候变化十分显著，降水量空间格局也发生了变化。在过去几十年中，中国总降水量呈微弱的变化趋势，且其在各区域的变化及季节变化均不同。王大钧等（2006）指出，从平均状况看，降水量的多少主要取决于雨日数的多少，且从年降水、季降水到月降水都符合这一规律。

在全球气候变暖背景下，我国极端降水事件的变化表现十分复杂。在1957—2003年，我国华北、西北东部和东北东部降水量减少，降水日数也明显减少，干旱化倾向明显；而长江流域强降水过程明显趋于增多，发生洪涝灾害的频率也趋于增加。我国的极端强降水平均强度和极端强降水值都有增加的趋势，极端强降水事件也趋于增多，大到暴雨降水量、暴雨日数均由南向北逐渐减少，但其变差系数从南向北递增。连阴雨降水量在华北、东北东部和西南东部表现出明显的减小趋势，在青藏高原东部和一些东南沿海地区是上升趋势，一年中连阴雨日数在我国西部的大部分地区表现出微弱的增加趋势，但在华北和我国中部、西南地区显著减少。毛毛雨日数减少是近年来我国干旱化趋势的一个重要特点。三江源地区最长持续无降水日数呈弱的增长趋势。另外，在气候变暖背景下水循环加剧，不少区域，特别在变暖明显的高纬度地区降水量增加；区域性大雨增加和大气湿度增加，而大气中水分含量增加还会引起积雨云出现的频率增加，从而导致雷暴活动加强，这可能是导致热带以外地区暴雨普遍增多的原因。极端降水事件的变化与降水频率和总降水量变化的关系十分密切。极端强降水事件本身对总降水量具有十分重要的贡献。从我国情况来看，除青藏高原以外，最强的5% 的日强降水事件可以占到所有降水事件产生的总降水量的 30% ~ 40%。在降水量增加的区域极端强降水事件发生的频率也趋于增加。降水量变化的空间格局及其演变特征不仅与全球气候变化的大背景有关，也受区域大气环流及要素异常的影响，完全了解我国降水量变化异常的原因有待结合气温等其他气候要素、东亚季风、ENSO 等因素进一步深入研究。

9.5 干旱灾害

从全球范围看，旱灾影响面最广、造成经济损失最大，被认为是世界上最严重的自然灾害类型之一。仅仅从自然的角度来看，干旱和旱灾是两个不同的科学概念。干旱通常指淡水总量少，不足以满足人的生存和经济发展的气候现象。干旱一般是长期的现象，而旱灾却不同，它只是属于偶发性的自然灾害，甚至在通常水量丰富的地区也会因一时的气候异常而导致旱灾。干旱和旱灾从古至今都是人类面临的主要自然灾害。即使在科学技术如此发达的今天，它们造成的灾难性后果仍然比比皆是。尤其值得注意的是，随着经济发展和人口膨胀，水资源短缺现象日趋严重，这也直接导致了干旱地区的扩大与干旱化程度的加重，干旱化趋势已成为全球关注的问题。中国属于旱灾频发的国家，尤其是近年来，随着经济社会发展，水资源短缺现象日趋严重，在全球变暖的背景下，缺水成为全国境内最亟待改善和解决的问题之一。2009 年春，干旱波及中国 12 个省份，河北南部、山西东南部、河南西南部等地达到特旱；2010 年上半年，以云南、贵州为中心的 5 个省份接连发生旱灾，此次干旱事件具有持续时间长、影响范围广、灾害程度重的特点，为西南地区有气象记录以来最严重的气象干旱事件。国际气象界一般将干旱定义为“长时期缺乏降水或降水明显短缺”或“降水短缺导致某方面的活动缺水”；中国气象局认为干旱是指因水分的收与支或供与求不平衡而形成的持续的水分短缺现象；《中华人民共和国抗旱条例》中将干旱灾害定义为由于降水减少、水工程供水不足引起的用水短缺，并对生活、生产和生态造成危害的事件。

干旱分成气象干旱、农业干旱、水文干旱和社会经济干旱的分类方法已基本达成共识。气象干旱是指某时段内，由于蒸发量和降水量的收支不平衡，水分支出大于水分收入而造成的水分短缺现象；农业干旱指在作物生长关键期由于土壤水分持续不足而造成的作物体内水分亏缺，影响作物正常生长发育，进而导致减产或失收的现象；水文干旱指因降水长期短缺而造成某段时间内地表水或地下水收支不平衡，出现水分短缺，使河流径流量、地表水、水库蓄水和湖水减少的现象；社会经济干旱是指自然系统与人类社会经济系统中水资源供需不平衡造成的异常水分短缺现象。气象干旱可以迅速开始和突然结束，农业干旱的暴发一般晚于气象干旱，这取决于上层土壤的前期含水量，水文干旱则在气象干旱结束后仍将持续较长时间。另外，根据干旱发生的频次，干旱可分为因气候引起的常年性干旱以及由气象因子（降水少、气温高）引起的季节性干旱。判断一个地区是否干旱，就要看该地区的降水多少，自然降水不足是干旱形成的直接原因。干旱一般不是年降水量不足所致，主要是降水量的季节分配比例失调或时空分布不均引起的，故统计分析一个地区的降水情况是研究干旱最直接的手段。而降水的变化往往伴随着温度的变化，所以一直以来，人们在研究干旱时一般都会将降水和气温一块来分析。气象学者在研究某地区的干旱事件时，一般都先分析干旱事件发生时该区域降水和气温的时空分布特征，然后和历史资料进行对比分析。

旱灾与生态系统破坏密不可分。生态破坏是导致降水量减少和水资源匮乏的一个重要原因。过度砍伐森林资源导致水土流失严重，改变了水循环系统的自然规律，尤其是水循环的规模、时间和频率，生态系统与水循环系统之间的信息交流错乱，缺乏植被的土壤系统给水循环系统发出错误信号，使地下水—地表水—空气水循环异常，即地下水—地表水—空气水循环在规模上、空间上、时间上和频率上出现异常，从而形成非正常时间、非正常空间、非正常频率和非正常规模的水循环。水土流失又加剧了对生态的破坏，从而使生态系统陷入一个恶性循环当中。旱灾直接危害农业生产和人们的生产、生活，造成粮食减产、农民减收、居民用水困难，极大地限制了农村地区经济发展和农民生活水平的提高。同时，旱灾对城市工业的发展也产生一定的影响，表现为部分企业产量因缺水受限、用水成本提高导致的生产成本提高等。干旱灾害不仅对工农业生产造成影响，而且波及城乡居民生活用水安全，严重时还会给生态环境带来重大危害，影响经济社会可持续发展。另外，干旱灾害对畜牧业、林业、渔业的生产和航运也造成了较为严重的影响。干旱灾害导致地表水匮乏、河川断流、湖泊干涸，对牧区草地生长率、牲畜的成长以及畜产品的品质均产生影响，不利于畜牧业的发展，给牧民带来一定的经济损失；大片树木因长期干旱而死亡，加速森林草地退化和土地沙漠化的发展；渔民也因干旱遭受较大经济损失；江河水位偏低，甚至断流，导致无法正常通航。

9.6 暴雨灾害（洪水、城市积水）

近些年来，北京、广州、郑州、济南、上海等城市都遭受了不同程度的雨洪灾害，造成了巨大的经济损失甚至人员伤亡。这是由于城市化导致土地利用性质改变，建筑物增加，道路及地下管网建设使下垫面的不透水面积增加，改变了地表和地下径流形成条件，导致降雨径流增加，洪峰流量增大，洪峰形成时间缩短，洪水总量增加，洪水过程线呈现峰高坡陡特征。这对城市本身以及下游地区都造成了洪水威胁。

城市的建设过程本身就是对自然系统的改造，这一改造使原有的水文循环发生了本质的改变，随着城市化的推进，土地利用的变化，如清除树木，平整土地，建造房屋、街道以及整治排水河道，兴建排水管网等，改变了当地的降雨 - 径流条件，使水文情势发生变化。城市化造成了城市内涝、城市供水紧张、地下水枯竭、城市水环境污染等问题。这些问题的根本原因是快速城市化改造了陆面，改变了水文循环条件，打破原本的水量平衡。城市化从多个方面对气候产生了影响，对气温和降水两方面影响最为显著。由于城市热岛效应、凝结核效应、阻碍效应，导致城市云雾降水多。一般认为城区降水比郊区增加 5% ~ 10%。城市热岛效应使得城市空气层结不稳定，有利于产生热力对流，当水汽充足时易形成对流云和对流降雨；大量的城市建筑加大了地表粗糙度，阻碍了降水系统的移动，延长了降雨时间，增大了降雨强度；此外，城市建设及工业生产中产生的大量扬尘和颗粒状污染物作为凝结核，加速了水分子凝结，增加了降水概率。

姜昀（2011）结合济南市气象资料及水文资料，指出城市化从影响降水量、影响蒸发量、影响径流量三个方面改变了原有的水文循环路径，直接导致了城市暴雨、洪水威胁的增大。其一，影响降水量。城市地区比周边地区降水量平均增加 10% 左右。Karl 等（1988）认为城市化对局部气候具有重大影响。薛丽芳（2009）指出，由于工业废气、汽车尾气的排放以及施工扬尘，城市上空的微粒物质及污染物质等显著增加，为降水提供了大量的凝结核，成为降雨的催化剂；由于城市密集人口及下垫面辐射性质的变化造成了城市热岛效应，这种效应使得城市空气层结不稳定，易形成对流云和对流降雨，另外，由于这种温差形成的热湍流和由城市建筑物的增加而引起的地面粗糙度增大对移动的降雨系统有阻碍效应，使市区降雨时间增长。其二，影响蒸发量。不透水面积的增大导致地表下渗能力减弱，地下径流及土壤含水量都随之减少，由此导致蒸发量的减少。同时由于城市建筑的阻挡，导致空气流通减弱，在一定程度上也能使蒸发量减少。其三，影响径流量。由于城市地面硬化导致不透水区域的增加及植被的减少，降水到达地表时下渗量和蒸发量的减少增加了有效降雨量，地表径流量增加，径流系数增大，汇流时间缩短，峰量增高，峰值出现时间提前。

从城市防洪的角度来讲，对于单次暴雨而言，蒸发量变化对产流量的影响是可以忽略的，而对水文循环过程而言，蒸发环节的变化导致了城市上空水汽含量降低，在一定程度上使城市气温上升，空气湿度下降。城市化中人工陆面的建设改变了城市下垫面性质，不透水的硬化地面增加而植被、土壤减少。降水到达地表时产流、汇流过程较之前都有了巨大的改变。产流方面由于硬化地面阻碍了雨水的下渗，表现为径流系数增大，地表径流量增加。据北美洲安大略环境部资料，城市化前天然流域的蒸发量占降水量的40%，入渗地下水量占50%，地表径流为10%。而城市化后城市不透水面积可达70%～90%，蒸发和下渗的水量大量减少，所产生的径流明显增加。汇流方面表现为汇流历时更短，峰值出现更早，峰高而尖瘦。目前城市排水理念是希望雨水“快来快走”，因此排水管网遍布城市，快速排走降雨形成的地表径流。

城市化造成了人类文明与自然环境之间的矛盾，城市的聚集效应改变了城市地区土地利用性质，甚至在一定程度上造成了局部气候的变化，这些变化都强烈干扰了城市水文生态系统。鉴于目前城市发展所带来的诸多环境问题，针对城市化对水文循环造成的负面影响，描述水文循环演化规律，探索消除或减轻城市化对水文循环的影响后果，为今后的城市建设提供建议，提高新城区开发、建设的合理性，为建成城区的防洪系统、雨水利用工作提供理论依据。

城市化中的水文循环演化对城市所带来最直接的威胁是暴雨洪水发生概率的增加。目前我国城市的暴雨防洪理念是尽可能快速地排出雨水，雨水到达地面快速汇流进入雨水下水口，通过雨水管网迅速汇入外排河流。这种依靠快速排水的防洪理念能够在一般降雨中发挥作用，使城市路面保持清洁畅通，然而随着降雨量的增加，雨水沿管网迅速向低洼地段汇聚，这些地段的管渠经常达到满流状态。因此，城市低洼处常常出现雨水从下水口涌出的现象，加上地表面的汇流，这些地段会在暴雨过后积水严重。同时，雨水管网将雨水过快地排入河流，导致河流洪峰到达提前，洪峰坡度陡涨，对下游河道防洪造成威胁。另外，雨水可以作为一种资源进行利用，在降雨过程中雨水被迅速排走是一种对资源的浪费。解决城市化中的暴雨洪水问题，应转变快速排出雨水这一防洪理念，提出蓄积雨水的概念，从以下几个方面着手。

一是改造城市雨水管网。我国城市多数采用雨、污分流的排水模式，然而雨水管网的设计标准陈旧，甚至沿用几十年前的设计标准，与城市建设现状严重不匹配。我国雨水管网较国外狭窄、拥堵，不仅排水能力有限，而且容易积攒垃圾，致使管网阻塞。因此有必要针对我国城市建设现状制定新的雨水管网设计标准，拓宽沟渠，使暴雨中行洪通畅。针对城市低洼地区积水严重的问题，须改变目前雨水管网全部贯通的设计，根据城市地形划分区块，形成独立的排水系统，分散排水压力。

二是进行城市雨水收集。城市不透水的地面、雨水管网都可作为雨水收集系统的一部分，为雨水收集提供了可行的条件。可在管网中设置一定数量配套的拦污网、过滤网及蓄水池，雨水经过初步过滤进入蓄水池，在蓄水池中经过进一步沉淀，可以作为市政用水应用于一些对水质要求不高的工作。这些雨水也可通过进一步净化处理实现更多的利用价值。

三是提高绿地入渗能力。绿地对雨水中污染物质有明显的截留作用，可合理降低绿地高程，推广下凹式绿地技术，还可以控制初雨对水体的污染。

另外，可借鉴一些发达国家的成功经验，利用建筑物的屋顶进行雨水收集。通过过滤器过滤屋面雨水或修建集中的雨水处理设施处理屋面雨水，处理后的雨水排入蓄水池供冲厕、洗衣、灌溉等使用。还可以作为再生水系统的补充水源，提高水处理设施和再生水管道的利用效率。雨水收集工作不仅能够缓解城市用水短缺，而且能够有效减少地面和雨水管网中的流量，减轻城市防洪压力。

还原城市陆面也是解决城市水问题的有效方案。水文循环演化的根源是人类对陆面的改造，城市陆面包括道路、广场、各类建筑等各种不透水表面，所谓还原，是指通过一系列改造减少这类不透水表面或使其具备与自然界陆面相同的属性。还原城市陆面可从根本上解决由于水文循环改变而产生的城市水问题。对自然界原有陆面进行模拟，使水文循环还原到平衡状态，实现城市水循环的生态化。主要措施有：一是增加植被覆盖率。绿色植物不仅可以美化城市、净化空气，而且能够含蓄水源，其自身的吸水能力及蒸腾作用为大气水、地表水、土壤水之间的转换建立了桥梁，使原本因不透水层阻隔而难以实现的水量交换重新进行。同时，在降雨中，高大树木起到截留作用，减少到达地面的降雨量；灌木和草坪增加了地表粗糙度，可减缓地表汇流速度。二是加大下渗。增加雨水到达地面后的下渗量，可通过铺设可透水路面、在绿化带下层增加透水系数大的砾石等措施实现。随着材料科学的进步，既能满足路面铺设要求，又具备渗透能力的路面材料已经问世。使用这类材料替换不透水地面，使雨水到达地表后向下渗透，能够减少地表径流，又可补充地下水。这类地面材料能够在广场、停车场等场所大面积应用，是城市陆面向生态化还原的关键。

练习题

1. 水循环通过哪两种方式影响地球生物？
2. 简述水循环对于地球表层结构的演化和人类可持续发展的意义。
3. 蓄积雨水可通过哪些途径？
4. 干旱的分类有哪些？
5. 干旱和旱灾的区别是什么？
6. 思考旱灾对生态环境和人类生存的影响是什么？
7. 城市变化对蒸发的影响是什么？
8. 举例让你印象深刻的近几年严重的城市暴雨灾害并思考原因。

第 10 章　空中水资源的开发与利用

对空中水资源进行人工干预的措施主要有人工增雨（雪）和人工收集雾水。现代人工增雨（雪）的原理是基于自然云和降水的形成过程建立的，通过飞机、火箭、高炮、地面发生器等运载工具向云中播撒催化剂，促进云水向降水的转化过程，提高自然云的降水效率，增加地面降水量。人工干预方法经过半个多世纪大量的室内实验、数值模拟试验和外场科学试验检验和验证，具有坚实的科学基础。人工收集雾水则是新兴技术，在空气优良未受污染的地区，通过雾水收集器捕捉雾滴，收集为清洁的水源，为缓解局地干旱和清洁用水的匮乏提供了一种新的有效途径。自然界可开发利用的空中水资源是丰富的，但究竟能开发利用多少，取决于人工影响天气的科技水平和业务能力。有效地开发利用空中水资源，更好地服务民生、造福于民，需要大气科学家和人工影响天气从业人员共同的不懈努力。

本章概述了空中水资源的开发与利用，从成云致雨机理的发现谈起，讲述了全球和我国人工增雨（雪）的发展概况，也谈及了近年来出现的人工收集雾水，重点则放在论述人工增雨（雪）作业。开发空中水资源这一利用自然的大题目要想不断进展，还需要继续深入研究，大力开展科学试验和业务实践，更多地为人类社会造福。

10.1　人工增雨（雪）的历史和发展

在世界各国的古老传说里，都有呼风唤雨的神灵，人类的祖先向其祭祀献礼，虔诚祈求风调雨顺。漫长的历史长河中，也记录下了各种繁复的求雨仪式。人类长久以来渴望着能够耕云布雨，但是由于对云降水机制缺乏了解而无从入手。时间来到 1946 年 7 月 12 日，人工影响天气新时代开启的日子。这一天在通用电气公司（General Electric Company，GE）美国纽约的实验室里，谢菲尔（Vincent Schaefer）在诺贝尔化学奖得主朗缪尔（Irving Langmuir，被誉为现代人工影响天气之父）① 的指导下正在从事过冷却水滴的冻结研究。为了使云室降温，谢菲尔从保温箱中取出一大团干冰（固态二氧化碳）投入云室（一个冰箱），立即在云室内形成浓密的小冰晶云（图 10.1）。就像“苹果砸中牛顿”一样，这一偶然事件使谢菲尔发现干冰作为制冷剂可造成 −40 ℃的低温，促使水汽直接形成大量冰晶。随后，受谢

① 1932 年，第 32 届诺贝尔化学奖颁给美国的朗缪尔（Irving Langmuir）（1881—1957 年），表彰他提出并研究表面化学。

菲尔实验的启示，朗缪尔指导冯奈古特（Bernard Vonnegut）从事成核过程的研究工作，开始注意冰的成核作用，找到了晶体结构与冰晶相近且不溶于水的物质。1946 年 11 月 14 日，冯奈古特发现纯度较高的碘化银作为成冰异质核的突出效应，可在冷云中产生大量冰晶。在此之后，他确定了碘化银的成冰温度为 -4 ℃，还在碘化银发生法研究方面起了先导作用。

图 10.1　人工增雨催化剂①的首次发现

在人工冰核被发现的基础上，1946 年 11 月 13 日，谢菲尔进行了一次历史性的飞机播云试验，在一块云顶温度为 -20 ℃ 的层积云中播撒了 3 磅（即 1.36 kg）干冰。不到 5 min 时间，云内冰晶化，发现了雪幡，并在升华前降落了 1000 多米的高度。在飞机飞过的地方，云张开一个大洞（见图 10.2，1946 年 11 月 24 日朗缪尔团队实施飞机播云试验时拍摄）。谢菲尔高兴异常，和他的同事高呼“我们成功了”。这次试验进一步证明了干冰在自然云中成冰核的作用。在 1948 年 12 月 21 日，浸润了碘化银溶液并正在燃烧的木炭被从飞机上投入云中。使用了不到 25 g 的碘化银就使 15 km^2 左右、厚度约 300 m、温度为 -10 ℃的层云出现了冰晶化。这些早期的催化试验意义十分重大。迄今为止，干冰和碘化银仍是公认的最有效且被广泛使用的冷云催化剂。

也是在 1948 年，朗缪尔提出暖云中大云滴破碎产生连锁反应假设，由此奠定了暖云降水机制的基础。

1958 年，我国第一次飞机人工增雨试验在吉林成功实施（图 10.3），随后在吉林、甘肃、河北、湖南、安徽、四川等地开展了飞机及地面人工增雨试验。

图 10.2　飞机播云后形成云沟的照片②

图 10.3　吉林第一架人工增雨飞机——杜-2 轰炸机

经过几十年的发展，我国人工增雨（雪）工作取得了显著的社会效益和经济效益，服务领域不断拓展，近年来作业规模跃居世界首位，已成为我国防灾减灾和空中水资源开发利

① 人工影响天气中的催化剂（seeding agent）是指播撒到云雾中，以改变其云物理发展过程，达到人工影响天气目的的催化物质。

② 拍摄于飞机上海拔 17630 英尺（约 5373.6 m）高度，播撒的催化剂是干冰，拍摄时间是在催化剂开始播撒 37 min 后（同时也是催化剂结束播撒 24 min 后），云底高度约 4500 英尺，云顶高度约 6800 英尺，云顶温度为 -5.6 ℃。

用的重要手段。

我国人工增雨（雪）事业的发展得益于管理工作不断加强和完善。1994 年，国务院批准建立了由 15 个成员单位组成的全国人工影响天气协调会议制度，并明确中国气象局为牵头单位。目前，国家层面已经建立了由各相关部委组成的人工影响天气联席会议制度，中国气象局成立了专门的人工影响天气中心。同时，我国各级政府也不断加强对人工影响天气工作的组织协调和领导，形成了由各级政府领导、同级气象主管机构归口管理的组织管理体制，并形成了以地方各级政府财政投入为主的人工影响天气工作投入机制。全国各省、自治区、直辖市、建设兵团都成立有人工影响天气办公室，大部分省（区、市）建立了由政府分管领导任指挥长或组长的人工影响天气协调机制，基本形成了以国家指导和协调、地方各级政府组织领导、气象部门承担管理和实施的人工影响天气结构体系，现代化建设也取得了明显的进展。

经过半个多世纪的发展，人工增雨（雪）在我国已成为防灾减灾的有力手段、农业公共服务体系建设的重要内容以及保障水资源安全的有效途径。今后，人工增雨（雪）在缓解我国水资源紧缺中的地位更加重要，在防灾减灾抗灾中的作用更加突出，在社会发展中的影响更加广泛。

10.2 人工增雨（雪）作业

10.2.1 人工增雨（雪）作业原理

10.2.1.1 人工影响冷云降水

冷云是指由温度低于 0 ℃的过冷水（super-cooled water）[①] 和（或）冰晶（ice crystal）组成的云。中纬度地区冬季经常出现大范围的过冷层状云，但很少生成降水。夏季也经常出现云顶高于 0 ℃层的积状云，其中能产生降水的为数不多。这些冷云之所以没有降水，主要是由于云内缺乏冰晶，云滴得不到增长。对于这类云的催化，可根据云的发展条件，选择静力播撒技术或动力播撒技术。

（1）静力播撒技术

对于冷云来说，产生降水的关键是云中的冰水转化。早在 20 世纪 30 年代，瑞典气象学家贝吉龙（Bergeron）就提出了如下的理论：由于同温度下冰面饱和水汽压小于水面饱和水汽压，当实际水汽压介于两者之间时，冷云中的冰晶将不断夺取空气中多余的水汽，水滴则不断蒸发，冰晶则通过凝华迅速增长，此即“冰晶效应”。这种水滴不断蒸发、冰晶不断长大的过程，即冷云中的冰水转化过程，称为“贝吉龙过程”，也称作“蒸凝过程”，它是冷云降水的核心，是近代人工影响冷云降水的物理基础。

观测事实表明，冷云中无冰晶或冰晶非常少时，它是相当稳定的。如果设法在云中播撒适当数量的冰晶，就会影响其微结构的稳定性。一旦出现了冰水共存状态，就会出现蒸凝过程，产生冰水转化。冰晶长大成为降水粒子后，可以通过与过冷水滴碰冻结凇增长，降至暖区融化后，再经重力碰并进一步长大，最后形成较大的降水质粒。所以人工影响冷云降水的

① 卫星和飞机的观测表明，在 -40 ℃层以下的云中仍存在过冷水（云中温度低于 0 ℃的液态水）。

基本思路是：①冷云中降水质粒是由冰晶效应形成的，要求降水性冷云中必须存在一定数量的过冷水和冰晶；②自然界有些冷云不能产生降水或降水效率不高，就是由于云中缺少足够数量的冰晶；③在云中适当部位，人为地引进一定数量的冷云催化剂，如干冰、碘化银，能使云中过冷水转化为足够数量的冰晶，使云内降水形成过程得以实现；④过量播撒冷云催化剂，产生的冰晶数量特别多，数密度很大，使它们不能够增长得足够大，这种方法则可以用来延缓或阻止降水的发展。上述播云催化（cloud seeding）使云内产生最佳冰晶数密度，促进降水形成的概念，称为“静力催化”。根据静力催化原理对冷云进行催化称为“静力播撒技术”。

静力播撒技术的核心思想是在有过冷水的云中引入最佳的冰晶浓度，提高降水形成的效率。过去几十年世界范围内的人工增雨（雪）试验结果表明，适宜采用静力播撒技术的云系包括以冷性降水为主导的过冷性层状云、地形云、积层混合云、大陆性积云等降水性云系。同时，云顶温度是进行静力播撒的重要条件之一。试验和研究表明，当云顶温度高于 -10 ℃或低于 -24 ℃时，播云无效或效果不显著；云顶温度处于 -24 ~ -10 ℃时，播云有效。因此，把 -24 ~ -10 ℃的温度范围称为静力播撒技术有效的“播云温度窗”。此外，静力播撒技术存在高过冷水含量的时间限制（云内过冷水没有被自然降水过程消耗前）。以上限制可以解释人工增雨（雪）作业中出现的部分问题：有些作业成功，有些作业不成功，一个地方的作业成功不能保证另一个地方作业成功。因此，静力播撒的实施需要先进的观测系统、预报模式、业务指挥系统准确地选择判断目标云，并选准作业的时机、合适的催化剂、催化剂播撒部位和用量、催化剂运载工具和投放方式。

人工增雨（雪）的水分除冰水转化外，主要来自水汽凝华。即使有些层状冷云人工增雨（雪）的潜力很小，仍存在着降水随时空分布的人为调整问题。播云不仅能改变各种物理过程的时间进程，也能改变降水的落区。

（2）动力播撒技术

对于层状云，大气通常处于热力学稳定状态，人工引起的微小的温度变化，只能把原来很慢的每秒几厘米的上升速度变为每秒 1 m 左右，只能引起很弱的嵌入对流。所以，静力催化仍然是影响层状云降水最常用的方法。至于积云的动力催化，其基本原理是：在云中引入催化剂，形成冰晶或水滴；进行这些微物理过程时，会释放出潜热，从而可影响云的上升气流，使云内上升气流加强，云的发展速度加快，水分积累加大；这样可使原来不产生降水的积云产生降水，使本来可能有降水的积云增加降水量。积云的动力催化将云滴的相变和积云的流场联系起来，将云的微物理过程和云的宏观动力过程联系起来，这给人工影响云的发展提供了一个新的理论设想。根据动力催化原理对冷云进行催化称为“动力播撒技术”。

动力播撒技术的核心思想是播撒后通过冰粒子长大释放的潜热，促进云中上升气流，改变云动力过程，增加地面降水。动力播撒技术实施的前提是云中有高过冷水含量。近年来一些试验还发现，过冷雨滴的冻结起着重要的作用。因此，除了含有大量的过冷水，适宜采用动力播撒技术的云系同时应该具有暖云底和强上升气流，以支撑 0 ℃层以上形成的雨滴。这样的云有强潜热储存潜势，可以通过自然或人工播撒触发。

动力播撒技术和静力播撒技术的相同点是：①二者的影响区域都是过冷水云；②影响的对象都是过冷云滴；③使用的催化剂都是冷云催化剂。二者的差异在于：①目的不一样，静力催化是把过冷云中的云水变成降水质粒，而动力催化是用过冷云滴冻结时释放的潜热加强上升气流，使积云发展；②适宜播撒的云系不一样；③播撒的催化剂剂量不一样。静力播撒需在暖于 −15 ℃区，每立方米只需 $10^3 \sim 10^4$ 个冰核。而动力播撒需要在高过冷水含量区过量播撒，同时为使过冷水滴尽快冰晶化，动力播撒必须大剂量，一般每立方米需 $10^5 \sim 10^6$ 个冰核，与静力播撒有一到两个数量级的差异。

10.2.1.2　人工影响暖云降水

暖云是指完全由液态水滴组成的温度高于 0 ℃的云。暖云有层状，也有积状。暖层云的主要特点是，云顶高度比冷云低，未达到 0 ℃层高度，云内上升气流不太强（约为 10 cm/s）。暖层云的自然降水形成过程是：上升气流携带水汽入云，以凝结核为核心，通过凝结过程生成云滴，并通过凝结和碰并过程增长为雨滴，然后下落至地面形成降水。自然降水过程的关键是要形成一些足以引起重力碰并的大云滴，这里大盐核起着决定性作用。研究表明，暖层云形成的降水只能是毛毛雨，而且要求云维持 4 h 以上。暖积云一般具有较大的垂直厚度、较强的上升气流和较高的液态水含量。暖积云形成降水的主要机制是碰并过程。与暖层云相比，暖积云形成降水的时间短、雨滴大，这主要是由于暖积云内上升气流旺盛，外界水分能大量输入，云滴能很快增大，较短时间内就会出现一定数量的大云滴，足以引起碰并增长。大量观测事实表明，大陆性暖积云很难产生降水，降水概率不高；而海洋性暖积云则易产生降水，降水概率很大。这是由于大陆性暖积云的滴谱很窄，云滴大小较均匀，微结构处于胶性稳定状态，碰并过程进行得很慢。而海洋性暖积云的滴谱较宽，云体内含有较多的大水滴，能够产生碰并过程，所以容易产生降水。可见，大水滴的存在是暖云降水的关键。

由于暖云降水的形成过程是先由凝结和湍流碰并等过程在云内产生一批较大的水滴，然后这批大水滴靠重力碰并迅速长大为雨滴。因此，在因为缺乏大水滴而不能降水或降水强度不大的云内，人工地引进吸湿性巨核或大水滴，促进云内提前形成大滴或直接增加大滴，提前发动碰并机制，加速形成降雨过程，从而提高降水效率，就可以诱发降水或增大降水的强度。这是暖云人工增雨的基本原理。常用于暖云催化的，具有适当大小的吸湿性颗粒物称为吸湿催化剂（hygroscopic seeding material），简称吸湿剂。

已有的试验表明，云和降水是可以人工影响的，但对增雨（雪）作业应选择的时机、云的部位、催化剂的配方和剂量等问题都需要仔细把握。人工增雨（雪）的效果也因自然降水的变率很大，且人们又未能掌握降水的规律性而难以确定。所有这些都亟待进一步研究。

10.2.2　人工增雨（雪）作业方法

过去几十年来，随着科学技术的发展和国内外大量人工影响天气科研和外场试验的成果的积累，人工影响天气的技术已趋于业务化，其作业方法已发展成多种多样，如人工增雨（雪）可包括飞机增雨（雪）、高炮增雨（雪）、火箭增雨（雪）、地面发生器增雨（雪）等技术手段。

（1）飞机

飞机增雨（雪）是指利用飞机在云体的适当部位，选择适当的时机，播撒适合的催化剂，以增加地面降水量的科学技术措施。利用飞机直接入云，可将催化剂直接播撒到云中所期望的部位。所以，在人工增雨（雪）的各种催化手段中，飞机是最佳选择。飞机机动性强，同时具有播撒均匀、作业面积大、影响范围广等特点。不论是应急性人工增雨（雪）

业务，还是资源性人工增雨（雪）业务，乃至开展有针对性的相关科学研究，飞机都具有明显优势。

2013 年 12 月 2 日，我国首个飞机增雨（雪）作业技术规范由四川省质量技术监督局发布，规定了飞机人工增雨（雪）作业的预案编制、前期准备、作业实施和作业总结等。2019 年 9 月 30 日，我国发布了中华人民共和国气象行业标准《人工影响天气作业飞机通用技术要求》（QX/T 505—2019），规定了人工影响天气作业飞机的分类、基本要求、高性能作业飞机和常规作业飞机的通用技术要求。作业飞机的选型对于作业的成功实施和作业效果的发挥至关重要。所有的人工影响天气作业飞机都应通过中国民用航空主管部门进行的年度适航性检查，处于适航状态；加装机载设备后应取得中国民用航空主管部门的适航审定；应装备机载气象雷达；应具备抗积冰、除冰能力；应配备供氧装置、灭火装置、救生衣、急救包等相关应急救生设备；应满足机载设备供电需求；应能搭载不少于 2 名作业人员；应能加装播撒作业设备。除此以外，人工增雨（雪）作业飞机的选型原则还包括：①满足作业区域的降水气候背景、天气系统类型和范围要求。②能够基本覆盖开发空中水资源的重点区域，有利于提高不同性能的作业飞机的适时起飞，各作业飞机最大飞行作业范围能够互相衔接，多架飞机适当分散布局，达到尽可能不漏掉可作业最佳时机和覆盖目标区域最大化目的。③新建设的高性能增雨作业飞机其性能要能够满足执行跨区域作业飞行的要求：商载小于 5000 kg 的，飞机升限不低于 10 km；商载大于 5000 kg 的，飞机升限不低于 7 km；续航时间不小于 5 h；作业飞行速度为 360 ~ 720 km/h；具备密封增压舱和舱内温度调节功能；有两台及以上发动机；能适应各季节播云的高度；抗积冰能力强；易于改装，能装载多种催化剂播撒作业设备和探测仪器。④部分季节小区域使用的小型增雨作业飞机适当放宽要求（仍要求续航时间不小于 3 h，飞行升限不低于 6 km，商载不小于 800 kg，具有两台发动机，易于改装，能装载作业播撒装置和探测仪器），与高性能作业飞机配合使用。⑤飞机停靠地具备相应的基础条件，地方政府重视和支持，管理能力满足要求。

高性能增雨作业飞机安装云降水粒子测量系统、大气气溶胶粒子测量系统、机载云能见度探测仪器、机载含水量仪、导航定位系统（北斗卫星导航或 GPS）、机载温湿度仪及飞机空速记录显示系统等设备。飞机改装后，将显著提升对空中水资源和作业条件的探测能力。同时，参照国内已经改装的多种成熟的技术方案，按照工程机载设备的配置设计，对已购和拟购的小型作业飞机进行机载仪器统一配备和统一改装方案设计，优化小型作业飞机的作业（探测）能力，整体提升小型作业飞机的作业水平。高性能作业飞机和小型作业飞机，两者在性能、作用方面可以较好地匹配，优势互补。

对于飞机增雨（雪）作业飞行以及为研究作业而开展的云物理和大气探测试验飞行，其作业和（或）探测航线与飞行方式的设计，应根据飞行目的和（或）探测目的不同而拟定。若为了解人工催化的条件和催化后的反应，则应在飞行过程中对降水粒子增长微物理条件进行垂直探测；若为了解降水增长条件（主要是云的微物理特征）与降水特征的空间分布状况，则应进行云的三维空间观测；若为了解对人工影响前后云微结构与降水特征的变化情况，则应在作业前后进行对比观测，并且应根据云的条件、作业方法、气流状况，进行具体设计。

（2）高炮

在人工影响天气中，高炮是指用于发射增雨防雹炮弹的高射炮。我国从 20 世纪 60 年代就开始利用高炮进行人工增雨（雪）防雹作业，经过几十年的发展，各地已将高炮增雨

（雪）作为常年业务开展。我国于2019年12月26日发布了中华人民共和国气象行业标准《37 mm 高炮增雨防雹作业安全技术规范》（QX/T 17—2019）（代替2003年3月28日发布的《37 mm 高炮防雹增雨作业安全技术规范》（QX/T 17—2003）），规定了37 mm 高炮人工增雨防雹的作业点①、空域安全和作业安全要求。使用高炮进行人工增雨（雪），都是根据云的情况（包括性质、高度、厚度、浓度、范围等），通过高射炮将装有碘化银的炮弹发射到云中，向云体播撒碘化银，以改变云滴的大小、分布和性质，干扰云中气流，改变浮力平衡，加速其生长过程，达到降水的目的。科学合理配置高炮位置、型号及数量，可提高人工增雨（雪）作业效果。

高炮需要在固定作业点作业，其布局原则是：①适应经济发展的需求，在水果、棉花、茶叶、烟草、大豆、芝麻、中草药等经济作物及重点产粮区优先布设；②当地气象部门有一定的技术力量，高炮作业能在雷达等探测手段的直接指挥下进行；③能够逐步做到联网作业；④高炮布局必须在摸清当地旱灾（雹灾）历史规律、天气、气候、地形特征、冰雹多发路径等情况的基础上设计；⑤作业区的政府、群众和社会经济环境能提供各种保障条件。高炮的固定作业点根据气候特点、地理位置、交通、通信等条件，在视野开阔、保护目标的上风方布设，其建设要符合有关法律、法规、技术标准、规范性文件，按照规定程序申报、审批、建设和验收，必须经省级气象主管机构会同空域管制部门审批确定，确需变动的，必须重新申报审批。此外，高炮的固定作业点还要求周围无高大建（构）筑物、无重要设施、无重点文物保护单位等，离居民区500 m以上；避开机场飞行控制区、航路、航道、主要公路、铁路、电力、油库、人口密集区、洪涝和山地灾害易发地带；弹道上无电杆、电线、电缆、水塔、铁塔、树木、建筑物等障碍物。

（3）火箭

火箭和高炮是目前我国地面人工增雨（雪）业务使用的主要作业工具。我国火箭增雨（雪）作业始于20世纪80年代，早期使用的是JFJ系列小火箭，后来逐步更新和扩充为WR系列、BL系列等新型火箭作业系统。我国于2019年12月26日发布了中华人民共和国气象行业标准《人工影响天气安全 增雨防雹火箭作业系统安全操作要求》（QX/T 99—2019），规定了火箭作业系统的安全操作步骤和要求（代替2008年3月22日发布的《增雨防雹火箭作业系统安全操作规范》（QX/T 99—2008））。

火箭在流动作业点和固定作业点均可作业，其作业点布设原则是：①考虑当地气候特点、地理位置、交通状况和经济社会等条件和需求；②避开航路、航线、城镇、油库、重要电力设施、国道、高大建筑物和重点文物保护单位；③视野开阔，弹道上不得有电杆、电线、水塔、铁塔、树木、建筑物等障碍物；④作业点布设在天气系统或保护目标的上风方，且保证通信畅通；⑤有平整夯实的地面作业发射平台。同时，火箭的作业点，不管是流动作业点还是固定作业点，其建设要符合有关法律、法规、技术标准、规范性文件，按照规定程序申报、审批、建设和验收，必须经省级气象主管机构会同空域管制部门审批确定，确需变动的，必须重新申报审批。与其他作业工具比较，火箭作业系统具有携带催化剂剂量大、播撒路径长、成核率高、发射高度高、便于操作、可以进行流动作业等诸多优点，易于推广和应用。

---

① 作业点是指用于地面实施人工影响天气作业的地点。

（4）地面发生器

在人工影响天气中，地面发生器是指在地面释放催化剂的装置，近些年逐渐发展起来的新型作业工具。使用地面发生器进行人工增雨（雪）作业经济、方便，不受空域等限制。可以长时间连续播撒作业，适用于固定的有限目标区，主要针对地形云进行催化作业，一般安装在山区海拔较高的地方，能在复杂气象条件下作业。

利用地面发生器作业是在山区的地形云上风方的地面燃烧催化剂，播撒催化剂，让催化剂随着上升气流进入云中，影响云的微物理过程，从而达到人工增雨（雪）的目的。为保证一定量的催化剂进入云内 −4 ℃层以上，作业时地面发生器所在作业点应处于上升气流区，要选择上升气流时段为作业时段。地面发生器在山上的架设位置很重要，应尽量选择山顶迎风坡。因为孤立山顶过山下沉气流不利于催化剂向上扩散，一般不把地面发生器架设在孤立山顶。地面发生器选址时，应进行三轴风标、平飘球等扩散试验，或采用数值模拟的方法，掌握在不同天气形势下地形对垂直气流的影响。作业点应安装垂直气流探测仪器，以便选择作业时段，以保证催化剂顺利上升至摩擦层之上。

目前，国内采用的地面发生器其催化剂有液态的和固态的。液态的有碘化银丙酮溶液燃烟发生器和液态二氧化碳播撒器，早期在我国青海、新疆等地应用，采用人工操作，操作复杂，自动化程度低。固态的则是碘化银焰条播撒系统，有人工操作的，也有远程遥控的播撒系统，操作简便，自动化程度高，可以满足山区增雨（雪）的需求。

10.3　人工收集雾水

雾是悬浮在空气中的大量小水滴和小冰晶的集合体，其形成的物理过程与云是基本相同的。一般来说，在高空人们称其为云，在地面则称其为雾。在山上生活和工作的人们都有这种感受，在雾中行走时头发和眉毛都出现水珠。在松柏树下停留时，就看到雾水滴从树枝上掉下，时间长了，衣服都变湿了。这是浓雾的微小水滴，沉降在松柏叶上，逐渐积累、汇集在一起，从叶面上流下，宛如雨滴。其实，植树造林就是收集雾水以利于生态系统的一个例子。如果山区有丰富的林木、云雾笼罩时，树木就能收集雾滴成水，并供给地下蓄水层。那么，怎样利用人工从雾中取水呢？

10.3.1　国外人工收集雾水的案例

自 1987 年以来，人们已经开始使用雾水收集器在南美和非洲的沙漠收集雾水。秘鲁西部为濒临太平洋的山地和沙漠地区，属热带沙漠、草原干旱气候，年平均降水量一般不足 50 mm。在西海岸的秘鲁首都利马和周边山区很少下雨，生活在这里的人们被迫要从很远的安第斯山脉的冰川上取水，但是安第斯山脉上冰川的面积正在缩小，这使那里的人们很担心有一天会面临非常严重的水荒。同时，秘鲁西部西临太平洋，雾日较多，一些树林就是靠雾水生长的。秘鲁为开发雾水资源，在利马以北 105 km 处的拉奥罗亚和利马以南 602 km 处的阿雷基帕设立了两个雾水收集站。他们的雾水收集器用尼龙网制成，网上的小孔 1 mm 见方，整个网面积有 4.5 m^2，尼龙网支架下边有一个大铁盘收集雾水，经过小管流入雨量计中，即可测量出收集了多少雾水。1988 年 5—8 月，在拉奥罗亚收集到雾水 1336.2 L，换算成雨量为 297 mm，在阿雷基帕收集到雾水 742.5 L，换算成雨量为 165 mm。

智利是一个狭长的滨海国家，其北部地区同样干旱少雨，同时冬季雾日较多。于是智利人同样也用尼龙线织成网，网孔 1 cm^2 见方，在雾的来向竖立布设起来，收集雾水。平均每天每平方米尼龙网能收集 20 L 雾水，最多的时候每平方米可收集 50 L 雾水。用大尼龙网收集雾水，每天能够收集 400 L 雾水。

成立于 2000 年的加拿大机构 FogQuest 在全球多个国家和地区推广其雾水收集器（图 10.4），能在有微风且能见度小于 100 m 的雾中成功收集雾水。FogQuest 的雾水收集器采用聚乙烯或聚丙烯制成网眼，这些材料能非常有效地捕捉受风吹的雾滴。他们的供货材料是由智利少数厂商为农业用途大规模生产的，被制成大尺寸（4 m 或 8 m 宽度），用于捕获雾水液滴有效，且非常便宜、持久耐用，能产生干净的水①，并能将收集的水迅速引出。据 2011 年的估算，建造一个小型的 FogQuest 雾水收集器（small Standard Fog Collector，SFC）成本为 75～200 美元，40 m^2 大的雾水收集器（Large Fog Collector，LFC）成本为 1000～1500 美元并且可以持续使用 10 年，每天收集到 2000 L 水的一个村庄项目将花费约 15000 美元。通常，FogQuest 一个大的雾水收集器在 40 m^2 的收集表面平均每天能集水 200 L。一年中，一些日子里收集不到水，另一些日子里能集水高达 1000 L。雾水收集器的最佳配置是单个雾水收集器之间的间距至少 5 m，两个雾水收集器用 3 个桩子连在一起共建也可以，只是有点降低效率。两个以上的雾水收集器连在一起则应避免，因为这会形成对风的一大阻碍。为确保雾能重新附着到雾水收集器表面，额外的雾水收集器应建在上游雾水收集器背后至少 10 倍雾水收集器高度以远的地方，即 60 m 开外。此外，当地所有的地形特征、从雾的微观特征到宏观的流场，再加上如树木或建筑物等障碍物的影响也必须考虑在内。总之，雾水收集的多少取决于雾水收集站的位置，选择适当的地点是至关重要的。2011 年，这一雾水收集项目在可持续设计挑战大赛（Sustainable Design Challenge，SDC）中获胜。2018 年，用这一雾水收集项目收集的雾水设计生产的伏特加——Hangar 1 Fog Point② 在世界饮料创新大奖中脱颖而出，赢得最佳酒精饮料，充分肯定了利用雾水采集技术，在爽口、纯净的伏特加中加入雾水，为产品增加科技含量，并将销售所得回馈给水资源保护组织，以此鼓励人们可持续用水的理念。

图 10.4　FogQuest 在尼泊尔的雾水收集项目

① 人工收集雾水的洁净程度不仅取决于雾水收集器，还取决于雾水本身的性质。开展人工收集雾水项目之前，应对雾水收集项目当地的雾加以分析研究，特别是其雾水的物理化学特性。

② Hangar 1 Fog Point 是一种伏特加，这种限量版伏特加里面 60% 为雾水，剩余 40% 为葡萄蒸馏液。

10.3.2　我国人工收集雾水的案例

我国雾的研究工作从 20 世纪 50 年代开始，迄今主要进行了雾的宏微观物理特征、浓雾生消物理过程、雾水化学、雾和气溶胶、雾的数值模拟等方面的研究，也进行了一些人工消雾和人工收集雾水的初步尝试。

雾的时空分布差异巨大。在我国，大雾主要集中在四川盆地、湖南、福建以及江南南部、云南西南部、长三角等地，而内蒙古东北部和黑龙江西北部及新疆西北部则是偏季节性的雾，沙漠以及高原地区雾极少。另外，由于地形和局地条件的影响，大雾的分布很不均匀。大雾集中的区域基本上分布在河谷盆地、沿海或高山，这些地区容易满足大雾形成的风、湿、热条件。雾的季节变化十分明显，一般来讲，辐射雾多发生于秋、冬，平流雾多出现在春、夏，而蒸发雾、上坡雾则多产生于夏季。分析一些多雾站及长江干流沿岸雾日的季节变化，可以发现雾多发生于秋、冬，夏季很少出现。但仔细分析，各地又有差异。春季雾分布最少，主要集中于长江以南、东南沿海等地。夏季雾分布较为零散，除东北地区和山东半岛外，在全国绝大部分地区，夏季都是一年中雾出现最少的季节。秋冬季，雾在全国广泛分布，高值区在四川盆地、湖南和贵州、福建以及江苏南部等地。而除了这些地方，在冬季，新疆天山以北和云南南部地区是雾的高值中心。20 世纪 90 年代以后，我国年均雾日数明显减少，这与大雾较多的四川盆地、湖南、福建、东北北部、广西沿海等地相对湿度的减少有密切关联（孙彧 等，2013）。

我国年均雾日数在 150 d 以上的地方主要有四川峨眉山（250 d 以上）、福建九仙山（250 d 以上）、安徽黄山（200 d 以上）、江西庐山（180 d 以上）等。人们在江西庐山试验过收集雾水。庐山北依长江，东南毗邻鄱阳湖，西南部与丘陵山区相连。这里云雾之多，除大范围天气系统降水越过山区之外，另一个原因是长江和鄱阳湖的水汽供应充分和地形动力抬升及向阳坡的热力影响，所以地形作用生成的雾极为频繁。但是庐山在江南梅雨季节过后，雾多雨少，干旱抬头，小溪干涸。山上的云雾茶和种植的蔬菜由于干旱其生长受到影响。山上的琴湖水库的水逐渐减少，庐林水库中的蓄水也只能保障人们的生活用水，无法满足茶树和蔬菜生长用水。于是人们想到开发雾水资源，从雾中取水，解决植物需水问题。庐山雾日较多，雾中含水量也比较丰富，浓雾可达 1 ~ 3 g/m^3。浓雾出现可持续 10 ~ 30 h 之多。庐山林场的工人们按照庐山云雾观测站专家提出的方法，用木制的木盆多个，放在松柏树下，一夜之间就有 20 ~ 30 kg 的雾水落入盆中，可以用来解决局部云雾茶和蔬菜的需水。

因此，在我国高山云雾较多的地方和沿海雾日较多的城市和沿岸开发雾水资源、缓解局地干旱也是一个有效的途径，应该开展这方面的科学研究和外场试验，早日加以业务应用。至于近年来我国许多大中城市日益增多增浓的雾，则与环境污染密切相关，许多科学家和环保机构利用各种雾水收集装置对雾水采样后，开展了雾水化学特征的研究，这一类的雾则是有害的，毫无疑问是不能开发的。

练习题

1. 简述“贝吉龙过程”。

2. 简述静力播撒技术和动力播撒技术的异同。

3. 假定你为某市气象局的新闻发言人，正接受当地媒体采访，在10 min内简述人工增雨（雪）的主要业务。

4. 制作一个15~20页的PPT简述人工增雨（雪）的基本原理。

参考资料

《第二次气候变化国家评估报告》编写委员会，2011. 第二次气候变化国家评估报告[M]. 北京：科学出版社.

《第三次气候变化国家评估报告》编写委员会，2015. 第三次气候变化国家评估报告[M]. 北京：科学出版社.

E. 布赖恩特，2004. 气候过程和气候变化[M]. 刘东生，等，译. 北京：科学出版社.

蔡英，钱正安，吴统文，等，2004. 青藏高原及周围地区大气可降水量的分布、变化与各地多变的降水气候[J]. 高原气象，23(1)：3–12.

陈洪滨，郑国光，2005. 基于商用运输平台的流动大气和环境监测系统[J]. 地球科学进展，20(5)：520–524.

陈隆勋，邵永宁，张清芬，等，1991. 近四十年来中国气候变化的初步分析[J]. 应用气象学报，2(2)：164–173.

陈勇航，黄建平，王天河，2005. 西北地区不同类型云的时空分布及其与降水的关系[J]. 应用气象学学报，16(6)：717–727.

陈哲，2010. 中国探空气球水平漂移总体特征分析[J]. 气象，36(2)：22–27.

崔玉琴，1997. 中国大陆上空水汽资源[J]. 水文(1)：12–18.

邓伟胡，金明，2003. 湿地水文学研究进展及科学前沿问题[J]. 湿地科学，1(1)：12–20.

丁惠萍，张社奇，冯秀绒，2003. 太阳辐射与温室效应[J]. 物理，32(2)：94–97.

丁守国，石广玉，赵春生，2004. 利用 ISCCP D2 资料分析近 20 年全球不同云类云量的变化及其对气候可能的影响[J]. 科学通报，49(11)：1105–1111.

丁一汇，等，2013. 中国气候[M]. 北京：科学出版社.

范思睿，王维佳，林丹，2020. 基于 ISCCP 云资料的中国地区不同类型云的时空分布[J]. 干旱气象，38(2)：213–225.

封彩云，王式功，尚可政，等，2009. 中国北方水汽与云和降水的关系[J]. 兰州大学学报（自然科学版），45(4)：30–36.

郝克俊，王维佳，余芳，等，2012. 人工影响天气作业术语[S]. 北京：气象出版社.

何赛 · P. 佩索托，阿伯拉罕 · H. 奥特，1995. 气候物理学[M]. 吴国雄，刘辉，等，译. 北京：气象出版社.

胡菊旸，唐世浩，刘海磊，等，2017. FY–3C VIRR 大气可将水产品生成和检验[J]. 遥感学报(6)：842–852.

贾志军，宋长春，2006. 湿地生态系统 CO_2 净交换、水汽通量及二者关系浅析[J]. 生态与农村环境学报，22(2)：75–79.

姜昀，2011. 济南市城市化进程的水文循环演变研究[D]. 济南：山东科技大学.

李聪，肖子牛，张晓玲，2012. 近 60 年中国不同区域降水的气候变化特征[J]. 气象，38(4)：419–424.

李维京，等，2012. 现代气候业务[M]. 北京：气象出版社.

李兴宇，郭学良，朱江，2008. 中国地区空中云水资源气候分布特征及变化趋势[J]. 大气科学，32(5)：

1094-1106.
连志鸾，李国翠，2005. 石家庄的云、降水和水汽特征[J]. 气象科技，33(S)：21-26.
廖飞佳，王红岩，樊予江，等，2019. 人工影响天气安全增雨防雹火箭作业系统安全操作要求[S]. 北京：气象出版社.
林本达，黄建平，1994. 动力气候学引论[M]. 北京：科学出版社.
林丹，王维佳，2019. 基于 CERES 资料的中国西南地区云水含量和粒子有效半径分布及变化特征[J]. 气候与环境研究，24(3)：383-395.
林丹，王维佳，李慧晶，2013. 西南地区可降水量的时空分布和变化特征[J]. 气象科技，41(5)：889-894.
刘国纬，1997. 水文循环的大气过程[M]. 北京：科学出版社.
刘国纬，周仪，1985. 中国大陆上空的水汽输送[J]. 水利学报(11)：1-14.
刘红燕，王迎春，王京丽，等，2009. 由地基微波辐射计测量得到的北京地区水汽特性的初步分析[J]. 大气科学，33(2)：388-396.
刘小宁，1999. 我国暴雨极端事件的气候变化特征[J]. 灾害学，14(1)：54-59.
刘晓阳，毛节泰，李成才，等，2007. 大气水汽总量的垂直分解[J]. 高原气象，26(3)：453-459.
陆渝蓉，高国栋，1983. 中国大气中的水汽平均输送[J]. 高原气象，2(4)：34-47.
陆渝蓉，高国栋，1987. 物理气候学[M]. 北京：气象出版社.
吕拉昌，李文翎，2012. 中国地理[M]. 北京：科学出版社.
马新成，丁德平，黄梦宇，等，2019. 人工影响天气作业飞机通用技术要求[S]. 北京：气象出版社.
马学谦，张小军，马玉岩，等，2019. 三江源及其周边地区多源水汽资料对比检验[J]. 高原气象，38(1)：78-87.
毛德华，夏军，黄友波，2003. 西北地区生态修复对策探讨[J]. 水土保持通报，23(3)：11-15.
浦一芬，等，2015. 大气科学研究方法[M]. 北京：科学出版社.
邱金桓，陈洪滨，2005. 大气物理与大气探测学[M]. 北京：气象出版社.
任海军，2010. 平流层水蒸气浓度下降为全球变暖“减速”[N]. 新华网.
盛承禹，1988. 世界气候[M]. 北京：气象出版社.
盛承禹，等，1986. 中国气候总论[M]. 北京：科学出版社.
盛裴轩，毛节泰，李建国，等，2006. 大气物理学[M]. 北京：北京大学出版社.
施雅风，2003. 中国西北气候由暖干向暖湿转型问题评估[M]. 北京：气象出版社.
寿绍文，岳彩军，寿亦萱，等，2012. 现代天气学方法[M]. 北京：气象出版社.
寿绍文，徐海明，王咏青，等，2013. 中国天气概论[M]. 北京：气象出版社.
孙彧，马振峰，牛涛，等，2013. 最近 40 年中国雾日数和霾日数的气候变化特征[J]. 气候与环境研究，18(3)：397-406.
谭海涛，王贞龄，等，1986. 地面气象观测[M]. 北京：气象出版社.
陶诗言，1980. 中国之暴雨[M]. 北京：科学出版社.
田惠平，2012. “盆地气象” 能否成为新学科?[N]. 中国气象报，2012-10-07.
王伯民，刘小宁，2009. 中国云的分布[M]. 北京：气象出版社.
王大钧，陈列，丁裕国，2006. 近 40 年来中国降水量、雨日变化趋势及与全球温度变化的关系[J]. 热带气象学报，22(3)：283-289.
王得翰，谢梦莉，1985. 杭州上空温度、湿度分布的气候学特征[J]. 杭州大学学报，32(3)：386-393.
王丽萍，陈少勇，董安祥，2005. 中国雾区的分布及其季节变化[J]. 地理学报，60(4)：678-697.
王缅，刘凤琴，李伟，等，2014. 气象探测环境保护规范 高空气象观测站：GB 31222—2014[S]. 北京：中国标准出版社.
王旻燕，王伯民，2009. ISCCP 产品和我国地面观测总云量差异[J]. 应用气象学报，20(4)：411-418.

王明星，1999. 大气化学[M]. 北京：气象出版社.
王鹏飞，李子华，1989. 微观云物理学[M]. 北京：科学出版社.
王守荣，朱川海，程磊，等，2003. 全球水循环与水资源[M]. 北京：气象出版社.
王维佳，郝克俊，陈碧辉，等，2013. 飞机人工增雨（雪）作业技术规范[S]. 北京：气象出版社.
王伟光，郑国光，2011. 应对气候变化报告[M]. 北京：社会科学文献出版社.
王小亚，朱文耀，严豪健，等，1999. 地面GPS探测大气可降水量的初步结果[J]. 大气科学，23(5)：605-612.
王英，曹明奎，陶波，等，2006. 全球气候变化背景下中国降水量空间格局的变化特征[J]. 地理研究，25(6)：1031-1040.
王遵娅，丁一汇，何金海，2004. 近50年来中国气候变化特征的再分析[J]. 气象学报，62(2)：228-236.
徐海明，寿绍文，2012. 天气学概要[M]. 北京：气象出版社.
薛丽芳，2009. 面向流域的城市化水文效应研究[D]. 徐州：中国矿业大学.
杨军，2011. 云降水物理学[M]. 北京：气象出版社.
杨利普，1981. 新疆水资源及其利用[M]. 乌鲁木齐：新疆人民出版社：82.
杨青山，等，2004. 世界地理[M]. 北京：高等教育出版社.
尹晗，李耀辉，2013. 我国西南干旱研究最新进展综述[J]. 干旱气象，31(1)：182-193.
俞小鼎，姚秀萍，熊廷南，等，2006. 多普勒天气雷达原理与业务应用[M]. 北京：气象出版社.
廙海燕，刘树华，赵娜，等，2011. 1951—2009年中国不同区域气温和降水量变化特征[J]. 气象与环境学报，27(4)：1-11.
袁野，冯晶晶，陈庆，等，2019. 37 mm高炮增雨防雹作业安全技术规范[S]. 北京：气象出版社.
翟盘茂，1999. 中国降水极值变化趋势检测[J]. 气象学报，57(2)：208-216.
翟盘茂，周琴芳，1997. 中国大气水分气候变化研究[J]. 应用气象学报，8(3)：342-351.
翟盘茂，王萃萃，李威，2007. 极端降水事件变化的观测研究[J]. 气候变化研究进展，3(3)：144-148.
张佃国，郭学良，付丹红，等，2007. 2003年8—9月北京及周边地区云系微物理飞机探测研究[J]. 大气科学，31(4)：596-610.
张国宏，李智才，宋燕，等，2011. 中国降水量变化的空间分布特征与东亚夏季风[J]. 干旱区地理(1)：9.
张家诚，林之光，1985. 中国气候[M]. 上海：上海科技出版社.
张俊，陈桂亚，杨文发，2011. 国内外干旱研究进展综述[J]. 人民长江，42(10)：65-69.
张强，高歌，邹旭恺，2005. 中国近50年干旱灾害时空变化特点[C]//中国科协2005学术年会分会场——气候变化与气候变异，生态-环境演变及可持续发展科学研讨会. 中国科学技术协会，中国气象学会.
张学文，1988. 新疆的水源问题[J]. 自然杂志，11(8)：597-600.
张学文，1994. 大气中水汽的热扩散效应[J]. 高原气象，13(1)：94-101.
张学文，1996. 水气相对运动方程[J]. 新疆气象，19(5)：7-12.
张学文，2002a. 新疆水汽压力的铅直分布规律[J]. 新疆气象，25(4)：1-14.
张学文，2002b. 云的含水量及其水循环[J]. 水科学进展，13(1)：83-86.
张学文，2006. 大气水分循环方程[J]. 高原气象，25(2)：190-194.
张学文，马力，1992. 熵气象学[M]. 北京：气象出版社.
张学文，张家宝，2006. 新疆气象手册[M]. 北京：气象出版社.
张学文，周少祥，2010. 空中水文学初探[M]. 北京：气象出版社.
赵平，南素兰，2006. 气候和气候变化领域的研究进展[J]. 应用气象学报，17(6)：725-735.
中国气象报社，2017. 名士·观点[M]. 北京：气象出版社.
中国气象局，2003. 地面气象观测规范[M]. 北京：气象出版社.
周建华，张中峰，庄卫方，2011. 航空气象业务[M]. 北京：气象出版社.

周少祥，2012. 再谈全球气候变暖论是一个错误的理论导致的错误结论[OL]. 科学网.

周淑贞，张如一，张超，1997. 气象学与气候学[M]. 北京：高等教育出版社.

周聿超，1999. 新疆河流水文水资源[M]. 乌鲁木齐：新疆科学技术出版社.

朱乾根，林锦瑞，寿绍文，等，2007. 天气学原理和方法[M]. 北京：气象出版社.

邹进上，刘惠兰，1983. 我国大陆上空平均水汽含量及其季节变化[J]. 气象科学(1)：32–40.

ASKNE J, NORDIUS H, 1987. Estimation of tropospheric delay for microwaves from surface weather data[J]. Radio Sci(22): 379–386.

BEVIS M, BUSINGER S, HERRING T A, et al, 1992. GPS meteorology: Remote sensing of atmospheric water vapor using the Global Positioning System[J]. J Geophys Res(97): 15787–15801.

BRAHAM R R, 1952. The water and energy budgets of the thunderstorm and their relation to thunderstorm development[J]. Journal of Meteorology, 9(4): 227–242.

DOW J M, NEILAN R E, RIZOS C, 2009. The International GNSS Service in a changing landscape of Global Navigation Satellite Systems[J]. Journal of Geodesy(83): 191–198.

HARDY K R, 1963. The development of raindrop-size distributions and implications related to the physics of precipitation[J]. J Atmos Sci, 20(4): 299–312.

HOBBS P V, MATEJKA T J, HERZEGH P H, et al, 1980. The mesoscale and microscale struture and organization of clouds and precipitation in midlatiude cyclones?: a case study of a cold front[J]. J Atmos Sci(37): 568–596.

HOUGHTON H G, 1968. On Precipitation Mechanisms and their Artificial Modification[J]. Journal of Applied Meteorology, 7(5): 851–859.

JOSE P P, ABRAHARM H O, 1995. 气候物理学[M]. 吴国雄，等，译. 北京：气象出版社.

KARL T, DIAZ H, KUKLA G, 1988. Urbanization: Its detection and effect in the United States climate record[J]. DOI: 10.1175/1520–0442.

LANGMUIR I, 1948. The Production of rain by a chain reaction in cumulus clouds of temperatures above freezing [J]. J Meteor(5): 175–192.

LANGMUIR I, 1961. Collected Works of Langmuir: Cloud Nucleation[M]. Oxford: Pergamon Press: 619.

MEARS C, WANG J, HO S, et al, 2010. Total Column Water Vapor [in "State of the Climate in 2009"][J]. Bull Amer Meteor Soc, 91(7): S29–S31.

MONINGER W R, MAMROSH R D, PAULEY P M, 2003. Antomated meteorological reports from commercial aircraft[J]. Bulletin of American Meteorology Society, 84(2): 203–216.

ROGERS R R, 1964. An Extension of the Z-R Relation for Doppler Radars. Preprints of the11th Conference on Radar Meteorology[D]. Boston: American Meteorological Society: 158–161.

WEXLER R, Atlas D, 1958. Moisture supply and growth of stratiform precipitation[J]. J. Meteor.